作者简介

何飞鸿，内蒙古农业大学兽医学院副教授，硕士研究生导师。长期从事家畜解剖学与组织胚胎学的研究，擅长各类动物解剖教学标本的制作。主持和参与科研项目10余项。副主编国家规划教材3部，参编专著4部；发表论文10余篇。

作者简介

任　宏，内蒙古农业大学职业技术学院教师，农业部执业兽医师，内蒙古牧区资源合作商会特聘专家。长期从事家畜解剖学和马属动物繁殖学的研究。获得实用新型专利4项，主持和参与科研项目10余项。副主编规划教材1部，参编专著4部；发表论文10余篇。

丛书主编：吉日木图
骆驼精品图书出版工程

骆驼解剖学

何飞鸿　任　宏◎编著

中国农业出版社
北　京

内容简介

　　本书主要介绍骆驼的大体解剖、组织构造及其生理功能等。在本书编写过程中，始终遵循"以能力为本位、以岗位为目标、淡化科学体系、重视能力培养"的原则。全书共 11 章，分别是运动系统、被皮系统、消化系统、呼吸系统、泌尿系统、生殖系统、心血管系统、淋巴系统、神经系统、感觉器官、内分泌系统，详细介绍了各系统器官的形态位置和简单生理功能。可作为基层骆驼疫病防治人员、检疫人员及养殖场饲养管理人员参考用书。

丛书编委会

骆 驼 精 品 图 书 出 版 工 程

编 写 人 员

主　编　何飞鸿（内蒙古农业大学）

　　　　任　宏（内蒙古农业大学职业技术学院）

参　编　王彩云（内蒙古农业大学）

　　　　包花尔（内蒙古农业大学）

前 言 FOREWORD

骆驼属于驼科动物，是世界荒漠、半荒漠地区重要的畜种资源之一，有单峰驼、双峰驼。根据文献报道，全世界有骆驼1 900万峰左右。其中，单峰驼1 600万峰，大多分布于非洲、中东和南亚的干旱或半干旱沙漠地区，主要在苏丹、摩洛哥、埃及和印度等国家；双峰驼约有200万峰，主要分布于俄罗斯的寒冷地区、蒙古、中国及中东的一些地区。

骆驼具有役、肉、毛、乳等用途。2 500多年前，骆驼因具有肉、乳价值而被驯养。在后来的很长时间，骆驼是沙漠地区主要的运输工具，成为古代社会经济结构不可替代的一部分。汽车、火车和飞机等交通工具的出现，使骆驼的役用价值逐渐降低。随着世界人口的急剧增长及土壤沙化程度的日趋严重，食品短缺问题日益突出，特别是在发展中国家此问题更加突出。骆驼肉因此已经成为非洲和中东地区食物的来源之一，开发骆驼肉用价值势在必行。

骆驼具有独特的生理特性，对严酷的自然环境有良好的适应性，能在极度恶劣的气候环境条件下（多风沙、寒冷、干旱）生存。所以，骆驼是荒漠、半荒漠和干旱地区可大力发展的反刍动物。但是现有的饲养和管理方法不能够充分发挥骆驼的生产潜能。为了大幅度提高骆驼的产品生产能力，必须对其生物学特性、解剖学、遗传学、繁殖学和营养学等学科进行深入研究和理解。在此基础上，才能做到科学、合理地饲养和管理，最大限度地发挥其生产性能。

本书编写分工如下：何飞鸿负责全书整体结构和内容的构思及统稿工作；包花尔编写第一章运动系统；王彩云编写第二章被皮系统、第七章心血管系统、第八章淋巴系统、第九章神经系统、第十章感觉器官、第十一章内分泌系统；任宏编写第三章消化系统、第四章呼吸系统、第五章泌尿系统、第六章生殖系统。

本书编写过程中参考了大量国内外文献、书籍。特别感谢雷治海老师，他编写的《骆驼解剖学》为本书的编写提供了大量参考内容和图片。

　　由于编者水平有限，书中难免有不足之处，恳请专家和读者指正。

编　者

2021 年 5 月

目　录 CONTENTS

第一章
运动系统

CHAPTER 1

运动系统由骨、骨连结和肌肉 3 部分组成。全身骨借骨连结形成骨骼，构成畜体的坚固支架，在维持体型、保护脏器和支持体重等方面起着重要作用。肌肉附着于骨上，收缩时以骨连结为支点，牵引骨骼而产生运动。在运动中，骨是运动的杠杆，骨连结是运动的枢纽，肌肉则是运动的动力。所以说，骨和骨连结是运动系统的被动部分，在神经系统支配下的肌肉则是运动系统的主动部分。

第一节　骨与骨连结

骆驼全身的每一块骨都有一定的形态和功能，是一个复杂的器官，主要由骨组织构成，坚硬而有弹性，有丰富的血管、淋巴管及神经，具有新陈代谢及成长发育的特点，并具有改建和再生的能力。骨基质内沉积有大量的钙盐和磷酸盐，是畜体的钙、磷库，并参与钙、磷的代谢与平衡。骨髓有造血功能。

一、类型

骆驼全身的骨骼，因位置和机能不同，形状也不一样，一般可分为长骨、扁骨、短骨和不规则骨 4 种类型。

（一）长骨

主要分布于四肢的游离部，呈圆柱状，两端膨大，称骨骺或骨端；中部较细，称骨干或骨体，骨干中空为骨髓腔，容纳骨髓。长骨的作用是支持体重和形成运动杠杆。

（二）扁骨

如颅骨、肋骨和肩胛骨等。一般为板状，主要位于颅腔、胸腔的周围以及四肢带部，可保护脑和重要器官，或供大量肌肉附着。

（三）短骨

呈立方形，多成群地分布于四肢的长骨之间，如腕骨和跗骨，除起支持作用外，还有分散压力和缓冲震动的作用。

（四）不规则骨

形状不规则，如椎骨和蝶骨等，一般构成畜体中轴，其作用也是多方面的，具有支持、保护和供肌肉附着等作用。

二、骨的构造

骨由骨膜、骨质、骨髓、血管和神经等构成（图 1-1）。

（一）骨膜

骨膜是被覆在骨表面的一层致密结缔组织膜。骨膜呈淡粉红色，富有血管和神经。在腱和韧带附着的地方，骨膜显著增厚，腱和韧带的纤维束穿入骨膜，有的深入骨质中。骨的关节面上没有骨膜，由关节软骨覆盖。

骨膜分深浅两层。浅层为纤维层，富有血管和神经，具有营养保护作用。深层为成骨层，有细胞成分。正在生长的骨，成骨层很发达，直接参与骨的生成。老龄动物成骨层逐渐萎缩，细胞转为静止状态，但其终生保持分化能力。在骨受损伤时，成骨层有修补和再生骨质的作用。

（二）骨质

骨质是构成骨的基本成分。分骨密质和骨松质两种。骨密质分布于长骨的骨干、骨骺和其他类型骨的表面，致密而坚硬。骨松质分布于长骨骺和其他类型骨的内部，由许多骨板和骨针交织呈海绵状，这些骨板和骨针的排列方式与该骨所承受的压力及张力的方向是一致的（图1-1）。骨密质和骨松质的这种配合使骨既具有坚固性，又减轻了骨的重量。

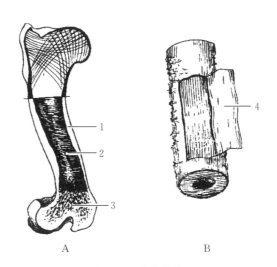

图 1-1　骨的构造
A. 肱骨的纵切面，上端示骨松质的结构　B. 长骨骨干，示骨膜
1. 骨密质　2. 骨髓腔　3. 骨松质　4. 骨膜
（资料来源：杨银凤，《家畜解剖学及组织胚胎学》，2011）

（三）骨髓

骨髓位于长骨的骨髓腔和骨松质的间隙内。胎儿和幼龄动物全是红骨髓。红骨髓内含有不同发育阶段的各种血细胞和大量毛细血管，是重要的造血器官。随动物年龄的增长，骨髓腔中的红骨髓逐渐被黄骨髓所代替，因此成年动物有红、黄两种骨髓。黄骨髓主要是脂肪组织，具有储存营养的作用。

（四）血管和神经

骨具有丰富的血液供应，分布在骨膜上的小血管经骨表面的小孔进入并分布于骨密质。较大的血管称滋养动脉，穿过骨的滋养孔分布于骨髓。骨膜、骨质和骨髓均有丰富的神经分布。

三、骨连结

骨与骨之间借纤维结缔组织、软骨或骨组织相连，形成骨连结。根据骨间的连结方式及其运动情况，将其分为两大类，即直接连结和间接连结。

（一）直接连结

两骨的相对面或相对缘借结缔组织直接相连，其间无腔隙，不活动或仅有小范围活动。直接连结分为 3 种类型。

1. 纤维连结 两骨之间以纤维结缔组织连结，比较牢固，一般无活动性，如头骨缝间的缝韧带；桡骨和尺骨的韧带联合。这种连结大部分是暂时性的，到老龄时，常骨化，变成骨性结合。

2. 软骨连结 两骨相对面之间借软骨相连，基本不能运动，由透明软骨结合的，如蝶骨与枕骨的结合；长骨的骨干与骨骺之间的骺软骨等。到老龄时，常骨化为骨性结合；由纤维软骨结合的，如椎体之间的椎间盘。这种连结，在正常情况下终生不骨化。

3. 骨性结合 两骨相对面以骨组织连结，完全不能运动。骨性结合常由软骨连结或纤维连结骨化而成。如荐椎椎体之间融合，髂骨、坐骨和耻骨之间的结合等。

（二）间接连结

又称关节，是骨连结中较普遍的一种形式。骨与骨之间具有关节腔及滑液，可进行灵活的运动。如四肢的关节。

1. 关节构造 关节的基本构造包括关节面及关节软骨、关节囊、关节腔和血管、神经及淋巴管等 4 部分。有的关节还有韧带、关节盘等辅助结构（图 1-2）。

（1）关节面及关节软骨 是骨与骨相接触的光滑面，骨质致密，形状彼此互相吻合。关节面表面覆盖一层透明软骨，为关节软骨。关节软骨表面光滑，富有弹性，有减轻冲击和缓解震动的作用。

（2）关节囊 是围绕在关节周围的结缔组织囊，它附着于关节面的周缘及其附近的骨面上，是密闭的腔体。囊壁分内外两层：外层是纤维

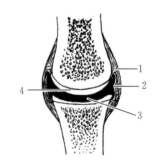

图 1-2　关节构造模式图
1. 关节囊纤维层　2. 关节囊滑膜层
3. 关节腔　4. 关节软骨
（资料来源：杨银凤，《家畜解剖学及组织胚胎学》，2011）

层，由致密结缔组织构成，具有保护作用，其厚度与关节的功能相一致，负重大而活动性较小的关节，纤维层厚而紧张，运动范围大的关节纤维层薄而松弛；内层是滑膜层，薄而柔润，由疏松结缔组织构成，能分泌透明黏稠的滑液，有营养软骨和润滑关节的作用。滑膜常形成绒毛和皱襞，突入关节腔内，以扩大分泌和吸收的面积。

（3）关节腔　为滑膜和关节软骨共同围成的密闭腔隙，内有少量滑液，滑液为无色透明、浅淡黄色的黏性液体，具有润滑、缓冲震动和营养关节软骨的作用。关节腔的形状、大小因关节而异。

（4）血管、神经及淋巴管　关节囊各层均有丰富的血管、神经和淋巴管网分布。关节的动脉来自附近动脉的分支，神经也来自附近神经的分支，滑膜层有丰富的神经纤维分布，并有特殊的感觉神经末梢分布。

（5）关节的辅助结构　是适应关节的功能需要而形成的一些结构。

① 韧带　见于多数关节，由致密结缔组织构成。位于关节囊外的韧带为囊外韧带，在关节两侧者，称内、外侧副韧带，可限制关节向两侧运动。位于关节囊内的为囊内韧带，囊内韧带均有滑膜包围，故不在关节腔内，而是位于关节囊的纤维层和滑膜层之间。如髋关节的圆韧带等。位于骨间的称骨间韧带。韧带有增强关节稳固性的作用。

② 关节盘　是介于两关节面之间的纤维软骨板。如膝关节的半月板，其周缘附着于关节囊，把关节腔分为上下两半，有使关节面吻合一致、扩大运动范围和缓冲震动的作用。

③ 关节唇　为附着在关节窝周围的纤维软骨环，可加深关节窝、扩大关节面，并有防止边缘破裂的作用，如髋臼周围的唇软骨。

2. 关节的运动　关节的运动与关节面的形状有密切关系，其运动的形式基本上可依照关节的3种轴分为3组颉颃性的动作。

（1）屈、伸运动　关节沿横轴运动，凡是使成关节的两骨接近，关节角变小的为屈；反之，使关节角变大的为伸。

（2）内收、外展运动　关节沿纵轴运动，使骨向正中矢状面移动的为内收；反之，使骨远离中矢状面的运动为外展。

（3）旋转运动　骨环绕垂直轴运动时称旋转运动。向前内侧转动的称旋内，向后外侧转动的称旋外。骆驼四肢只有髋关节能做小范围的旋转运动。寰枢关节的运动也属旋转运动。

3. 关节类型

（1）按构成关节的骨数分　可分为单关节和复关节两种。单关节由相邻的两骨构成，如前肢的肩关节。复关节由两块以上的骨构成，或在两骨间夹有关节盘组成，如腕关节、膝关节等。

（2）根据关节运动轴的数目分　可将关节分为以下3种。

① 单轴关节　一般为由中间有沟或嵴的滑车关节面构成的关节。这种关节由于沟和嵴的限制，只能沿横轴在矢状面上做屈、伸运动。

② 双轴关节 是由凸并呈椭圆形的关节面和相应的窝相结合形成的关节。这种关节除了可沿横轴做屈、伸运动外，还可沿纵轴左右摆动。家畜的寰枕关节属于双轴关节。

③ 多轴关节 是由半球形的关节头和相应的关节窝构成的关节，如肩关节和髋关节。这种类型的关节除能做屈、伸、内收和外展运动外，还能做旋转运动。

此外，两个或两个以上结构完全独立的关节，但必须同时进行活动的关节称为联合关节，如下颌关节。

四、躯干骨及其连结

（一）躯干骨

包括脊柱、肋和胸骨。脊柱由颈椎、胸椎、腰椎、荐骨和尾椎组成（图1-3）。躯干骨除具有支持头部和传递推动力外，还可作为胸腔、腹腔和骨盆腔的支架，容纳并保护内部器官。

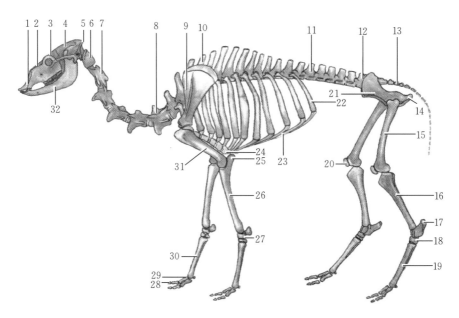

图1-3 全身骨骼

1. 切齿骨　2. 鼻骨　3. 额骨　4. 顶骨　5. 枕骨　6. 寰椎　7. 枢椎　8. 颈椎
9. 肩胛骨　10. 胸椎　11. 腰椎　12. 荐椎（荐骨）　13. 尾椎　14. 坐骨结节　15. 股骨
16. 小腿骨　17. 跟骨（腓侧跗骨）　18. 跗骨　19. 跖骨　20. 膑骨（膝盖骨）（膑关节）
21. 髂骨　22. 肋骨　23. 肋软骨　24. 胸骨　25. 尺骨　26. 桡骨　27. 腕骨　28. 指骨
29. 系关节　30. 掌骨　31. 肱骨　32. 下颌骨
（资料来源：哈斯苏荣，《双峰驼解剖图解》，2013）

1. 脊柱 构成畜体中轴，由一系列椎骨借软骨、关节与韧带紧密连结而成。脊椎内有椎管，容纳并保护脊髓。组成脊柱的椎骨按其所在的部位，分为颈椎（C）、胸椎（T）、腰椎（L）、荐椎（S）和尾椎（Cd）。骆驼脊柱的组成方式是：$C_7 T_{12} L_7 S_5 Cd_{15\sim20}$。

（1）椎骨的一般构造 典型椎骨均由椎体、椎弓和突起构成（图1-4）。

① 椎体　是椎骨的腹侧部分，呈短柱状，前端凸为椎头，后端凹为椎窝，相邻椎骨的椎头与椎窝构成关节。

② 椎弓　位于椎体的背侧，与椎体共同围成椎孔。全部椎骨的椎孔顺次相连形成椎管。在椎弓基部的前、后缘各有一对切迹，相邻椎骨的切迹合成椎间孔，供血管神经通过。

③ 突起　有3种：从椎弓背侧向上方伸出的突起是棘突，从椎弓基部向两侧伸出的突起是横突，从椎弓背侧的前、后缘分别伸出的突起是前、后关节突，相邻椎骨的关节突构成关节。

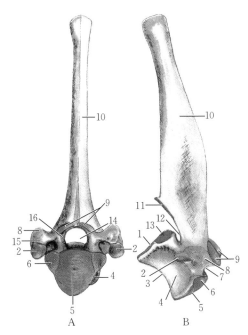

图 1-4　典型椎骨构造（骆驼胸椎）

A. 椎骨正前方观　B. 椎骨右侧面观

1. 椎窝　2. 横突肋凹　3. 腹侧嵴　4. 椎体　5. 椎头　6. 前肋凹　7. 椎前切迹　8. 乳突
9. 前关节突　10. 棘突　11. 后关节突　12. 椎后切迹　13. 后肋凹　14. 椎孔　15. 横突　16. 椎弓

（资料来源：雷治海，《骆驼解剖学》，2002）

（2）脊柱各部椎骨的主要特点

① 颈椎　骆驼的颈部很长，颈椎也就相应地加长。脊柱颈部的总长度大约为1m。均由7枚颈椎组成。第3～6颈椎的形态基本相似。第1和第2颈椎由于适应头部多方面的运动，形态发生变化。第7颈椎是颈椎向胸椎的过渡类型。

第1颈椎：又称寰椎。从背侧面观察，寰椎略呈不规则梯形。背侧结节不突出。

前关节面被一深切迹分开。每侧寰椎翼从前向后逐渐向外倾斜。翼孔穿过寰椎翼开口于寰椎窝。在翼孔前方可见一浅沟。翼孔呈卵圆形，其长轴（在成年驼大约9mm）朝向前方。在翼孔的后方也有较小的孔穿过寰椎翼。此孔在其他家畜未曾见到，可看作是副翼孔。在寰椎翼前端附近，可见寰椎翼外侧缘上有一孔，通向在翼孔前面开口的一管。横突孔位于寰椎翼后面，在成年动物标本上直径大约5mm。它通向一管，此管与翼孔、副翼孔和椎外侧孔共同开口于寰椎窝。从椎管内观察时，在椎外侧孔后方不远处可见第2个孔，该孔与椎外侧孔相交通。在一些动物该孔有二。腹侧弓的外表面稍凹，无腹侧结节。在寰椎窝内，翼孔、椎外侧孔和横突孔的共同开口大，约15mm。腹侧一对前关节面比背侧的一对前关节面大。背侧关节面的外表面呈结节状。后关节面平坦，与受纳齿突的浅面相连续（图1-5）。

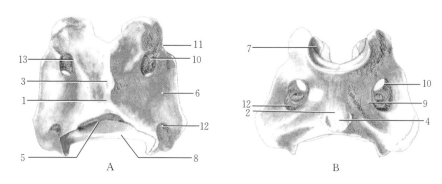

图1-5　寰椎
A. 寰椎背侧面观　B. 寰椎腹侧面观
1. 背侧弓　2. 腹侧弓　3. 背侧结节　4. 腹侧结节　5. 齿突关节面　6. 寰椎翼　7. 前关节凹（关节窝）
8. 后关节面　9. 寰椎窝　10. 翼孔　11. 翼切迹　12. 横突孔　13. 椎间孔（椎外侧孔）
（资料来源：哈斯苏荣，《双峰驼解剖图解》，2013）

第2颈椎：又称枢椎。是颈椎中最长的一个。棘突从椎管前口向后倾斜。它在结节分叉处最高，然后向腹侧斜向后关节突。椎体仅在其后2/3出现腹侧嵴。腹侧嵴后端有一突出的粗隆。在前端附近可见小的正中突起。后端平坦，仅中央稍凹。横突在纵切面上向后倾斜，后端呈结节状。横突管不经过横突，位于椎弓根前半部内，开口于椎管。椎管前口与椎外侧孔相交通，在腹侧与横突管腹侧口交通。椎外侧孔大，与横突管前口相交通。前关节面位于齿突的外侧和腹侧。后关节突游离突出，向后超过椎体后端，因而形成深的椎后切迹（图1-6）。

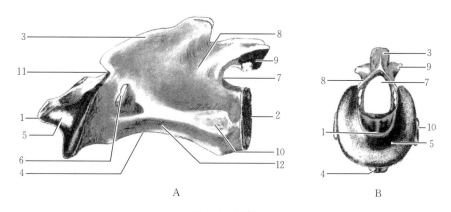

图1-6　枢椎
A. 枢椎侧面观　B. 枢椎正面观
1. 齿突　2. 椎窝　3. 枢椎嵴（棘突）　4. 腹侧嵴　5. 鞍状关节面　6. 椎间孔（椎外侧孔）
7. 椎孔　8. 椎弓　9. 后关节突　10. 横突　11. 椎前切迹　12. 椎体
（资料来源：哈斯苏荣，《双峰驼解剖图解》，2013）

第3～5颈椎：长度大约相等。第3颈椎（C3）的棘突低，第4颈椎（C4）和第5颈椎（C5）的棘突逐渐增高，呈结节状。横突的背侧结节朝向后方，在C3它们到达后髂线；在C4和C5，它们止于后髂线前方。C3的腹侧结节朝向后腹侧；C4的较大，朝向腹侧；C5的朝向前腹侧。后关节突游离突出，超过后端。正如在枢椎一样，横突管前口通向椎弓根内一通道，约在其通道中间开口于椎管内。横突管无后口。椎体的腹侧面在接续椎体逐渐变凹，似乎形成一槽，侧界为腹侧结节。腹侧嵴在C3后半部明显，但在C5主要呈后粗隆。前端凸，为横向椭圆形，C3～C5体积逐渐增大。后端平坦，有稍居中的回陷，在C5更明显（图1-7）。

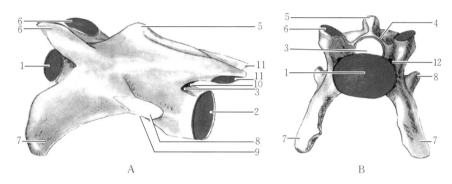

图 1-7　第 2 颈椎、第 3～5 颈椎（左外侧面）

A. 颈椎左侧面观　B. 颈椎后面观

1. 椎头　2. 椎窝　3. 椎孔　4. 椎弓　5. 棘突　6. 前关节突　7. 横突背侧支
8. 横突腹侧支　9. 椎体　10. 椎骨切迹　11. 后关节突　12. 横突孔

（资料来源：哈斯苏荣，《双峰驼解剖图解》，2013）

第6颈椎：比前述颈椎短。棘突较高，末端呈结节状。横突背侧结节小，腹侧板巨大，与椎体垂直，在其腹侧缘有一切迹。第6颈椎（C6）的前端比C5的突出，后端的凹陷更明显。横突孔的位置与C3～C5的相同。椎体的腹侧面显著凹陷，无腹侧嵴（图1-8）。

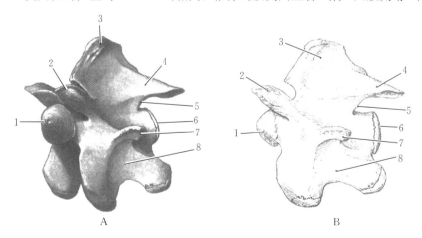

图 1-8　第 6 颈椎（外侧面）

A. 左前方观　B. 左后方观

1. 前端　2. 前关节突　3. 棘突　4. 后关节突　5. 椎切迹　6. 后端　7. 横突背侧结节　8. 腹侧板

（资料来源：雷治海，《骆驼解剖学》，2002）

第 7 颈椎：相对较短。棘突相对较高较细长，末端呈圆形。前、后关节面比前述的大。一般无横突孔。但单侧常见一孔。横突小，腹侧缘凹。前端凸，后端凹陷清楚，在两侧具有与第 1 肋成关节的关节面，腹侧不显著（图 1-9）。

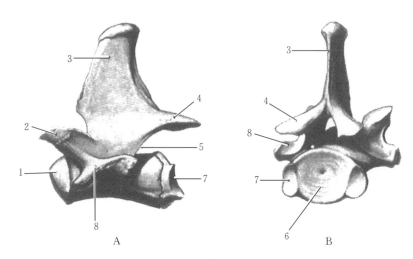

图 1-9　第 7 颈椎
A. 外侧面　B. 后外侧面
1. 前端　2. 前关节突　3. 棘突　4. 后关节突　5. 椎后切迹　6. 后端　7. 后肋凹　8. 横突
（资料来源：雷治海，《骆驼解剖学》，2002）

　　② 胸椎　胸椎一般有 12 个（T1～T12）。前 2 个胸椎椎体最长，后续椎骨的椎体逐渐变短，T12 的椎体比 T1 的短约 10mm。从腹侧面观察时，T1 的椎体圆而宽，T2～T7 的逐渐变狭窄，T7 的腹侧嵴清楚。从此向后，椎体变得更圆，腹侧嵴不明显。T1 的前端凸起清楚；T2 前端的凸起不明显，后续胸椎的前端几乎变平坦。在前端的中部，有一圆形或卵圆形凹陷，滋养孔位于中心。前肋凹较小，由椎体和椎弓根发育而成。在 T1，前肋凹大，圆而凹；在 T2，前肋凹较小，不太凹；在后续椎骨，前肋凹逐渐变平坦，呈卵圆形。T1 的后端稍凹；从 T2 向后，后端变平坦，中央凹陷，在其中部有滋养孔。后肋凹在 T1 呈卵圆形，在 T2～T5 圆而深，但从 T6～T11，变小变平坦，呈卵圆形。它们主要由椎弓根发育而成。椎体的侧面含有相对较小的脊椎孔，成对或单个存在（图 1-10）。

　　T1 的横突肋凹凹陷，朝向腹侧；T2～T6 的横突肋凹朝向前腹侧；T7 的横突肋凹平坦，朝向腹外侧；T10 和 T11 的横突肋凹平坦，小，呈卵圆形。乳突从前向后突起增高。前部的乳突为尖的后背侧突起，与横突相连；后部的乳突呈板样，朝向前背侧，在 T12 紧靠前关节面的近侧端。

　　前关节突在 T1 分开较远，并与横突相连；从 T2 向后，前关节突位于椎弓背侧面前方；到 T8，前关节突紧靠在一起；T9～T11，它们被一切迹分开；T12 的前关节突呈矢状排列，朝向内侧。除 T11 和 T12 外，后关节突均朝向后腹侧，T11 和 T12 的后关节突朝向外，T12 的后关节突呈 S 形。胸椎棘突两侧压扁，顶端呈结节状。T1～T5 或 T6，棘突高度稍增加，并向 T11 和 T12 稍倾斜。后者是直椎。除最后 3 个胸椎外，在最后 3 个胸椎，棘突大约以 45°斜向后背侧，游离端斜度更近垂直。在一些标本上，T4～T6 或 T7 的游离端弯向后方。T1～T6，棘突的宽度稍增加；从 T7 向后，棘突逐渐变狭窄。棘突的前缘比后缘锐，棘突胸椎无椎外侧孔。椎后切迹深，后端与相邻胸椎浅的椎前切迹一起形成椎间孔。

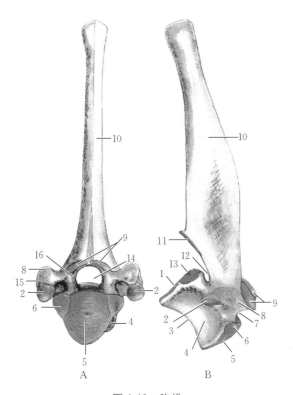

图 1-10　胸椎

A. 胸椎前方观　B. 胸椎右侧方观

1. 椎窝　2. 横突肋凹　3. 腹侧嵴　4. 椎体　5. 椎头　6. 前肋凹　7. 椎前切迹　8. 乳突　9. 前关节突
10. 棘突　11. 后关节突　12. 椎后切迹　13. 后肋凹　14. 椎孔　15. 横突　16. 椎弓

（资料来源：哈斯苏荣，《双峰驼解剖图解》，2013）

③ 腰椎　腰椎有 7 个（L1～L7）。除最后腰椎外，各椎体长度大约相等，最后腰椎椎体比其余椎体短 10mm。前、后端与胸椎的一样，具有相同的轮廓和中央凹陷。然而，在后续椎骨，背腹侧呈压扁状。基椎孔在 L1～L6 成对，发达；在 L7 更小。背侧嵴将它们分开。横突从椎间孔平面下方伸出。L1 的横突最短，稍弯向前方，游离端向背侧倾斜；L2 的横突较长，向前方倾斜；L3 的横突比 L2 的长，弯向前方；L4 和 L5 的横突最长，弯向前方和腹侧，但末端向背侧倾斜；L6 的横突一般比前 5 个的短，但 L7 的横突显著变细，向前的弯度较大。前关节突朝向内侧，呈 S 形，以确保与前位椎骨牢固连结。L6 和 L7 的前关节面倾向于成为深的凹面。前关节突在该系列的后方倾向于逐渐分开较远，因此 L7 的前关节面分开的距离比 L1 的大 3 倍。乳突也是如此，乳突与前关节突相连。走向 L7，乳突变得更圆更大。后关节突从棘突的基部突向后方，朝向外侧，呈 S 形；L7 的后关节突粗大，高度弯曲。L7 的后关节突分开的距离是 L1

的 3 倍，这意味着前数个腰椎后关节突之间的角度比后方腰椎后关节突之间的角度小。棘突垂直，L1～L7 其高度稍降低。L1～L4，棘突的高度超过宽度；在 L5，高度与宽度大约相等，但 L6 的棘突比 L7 的狭窄。L1～L5 的游离端具有指向后腹侧的斜面。这样，棘突的前面叠盖其前位棘突的后面，在老龄动物可能与其愈合。L7 棘突的特征是其游离端呈楔形（图 1-11）。

弓间隙从前向后增大。L6 和 L7 之间的弓间隙几乎与腰荐间隙相等。在成年驼，从 L7 的棘突尖端到弓间隙的距离大约为 500mm，到椎管底的距离大约为 800mm。椎间孔呈三角形，尖朝向背侧。平髂骨嵴的横断面经过 L7 的棘突，经此断面能够确定腰荐间隙。

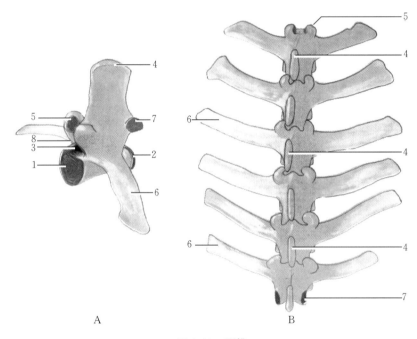

图 1-11　腰椎
A. 腰椎右侧方观　B. 腰椎背侧观
1. 椎头　2. 椎窝　3. 椎孔　4. 棘突　5. 前关节突　6. 横突　7. 后关节突　8. 椎前切迹
（资料来源：哈斯苏荣，《双峰驼解剖图解》，2013）

④ 荐椎　5 个荐椎（S1～S5）造合形成荐骨。S5 通常不与 S4 愈合，因此一些研究者认为荐骨仅由 4 个恒定愈合的荐椎组成。然而，S5 具有荐椎的典型特征。显然，它应属于荐骨而不应划归尾椎。荐骨的特征是前关节突强大，背侧棘突不愈合，有荐骨翼，荐骨翼朝向背外侧，具有粗糙的关节面。母驼荐骨纵轴的弯曲度比公驼的大，背侧面在中央有 5 个荐椎棘突，S1 的荐椎棘突朝向前背侧，其余荐椎棘突朝向后背侧。所有 5 个荐椎棘突的顶点呈结节状，S1～S2 体积增大。最后两个荐椎棘突的顶端扁平。弓间隙常因愈合而消失。荐背侧孔呈卵圆形，朝向前外侧，但最后 1 对例外，朝向后外侧。荐背侧孔的外侧是不太明显的荐外侧嵴。外侧部的边缘几乎是平行的（图 1-12）。

荐骨底是荐骨的前端，具有大而高度弯曲的关节面，与最后腰椎成关节。荐骨岬相当突出。前端背腹向平坦。荐骨翼前腹侧表面光滑，外侧面在公驼略呈四边形，在母驼较纤弱较尖；关节面稍凹，粗糙，朝向背外侧。

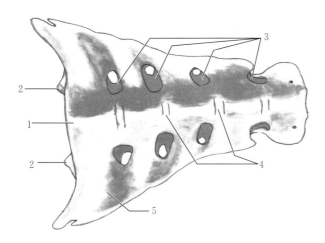

图 1-12 荐骨腹侧面观
1. 荐骨岬　2. 前关节突　3. 荐盆侧孔（荐腹侧孔）　4. 横线　5. 荐骨翼
（资料来源：哈斯苏荣，《双峰驼解剖图解》，2013）

荐骨盆面纵向凹（图 1-13），此凹形弯曲在母驼尤其明显。供荐中血管通过的纵沟浅。荐盆侧孔在内侧与椎间孔、在背侧与较小的荐背侧孔直接延续；从前到后孔径减小。荐骨尖是椭圆形的后端，两侧是外侧部的板状翼。荐管的前口呈三角形，后口的大小约为前口的一半。髂骨的荐结节与第 1 荐椎棘突顶点在同一平面上。

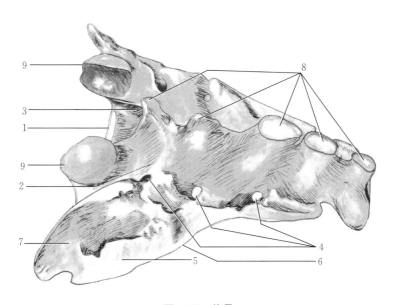

图 1-13 荐骨
1. 荐椎椎头　2. 椎弓　3. 椎孔　4. 荐背侧孔　5. 荐骨翼　6.（外）侧部
7. 耳状关节面　8. 横突　9. 前关节突
（资料来源：哈斯苏荣，《双峰驼解剖图解》，2013）

⑤尾椎　尾椎（Cd）有 15～21 枚，平均为 15～17 枚。前 4 枚或 5 枚尾椎具有横突和椎弓，位于后方的尾椎逐渐变成棒状，纤细。Cd1 的棘突朝向后背侧。在后续尾椎，棘突不发达，从 Cd5 向后，椎管消失。无关节突，但有退化的乳突。乳突逐渐变小，在 Cd12 或 Cd13 完全消失。横突在后续尾椎逐渐变小、退化，到 Cd10 变成小的结节，在 Cd11 以后无法识别。

从腹侧面观察尾椎系列时，具有下述特征：①椎体在后续椎骨逐渐缩小；②前端总是比后端大；③在前方中线两侧有一结节，在 Cd10 或 Cd11 以后无法辨认；④在前 2 或前 3 尾椎有一清楚的正中沟，无血管沟；⑤从 Cd4 向后，有明显的腹侧嵴，即使是在后位棒状的尾椎，也可以此来识别背侧面与腹侧面。

2. 肋、胸骨

（1）肋　由肋骨和肋软骨组成，肋骨位于背侧，肋软骨位于腹侧。肋左右成对，骆驼的肋有 12 对。其中，前 8 对肋直接与胸骨成关节，称真肋或胸肋；后 4 对称非胸肋或假肋或弓肋。相邻肋之间的间隙称肋间隙。最后肋骨与各弓肋的肋软骨顺次相接形成肋弓。

第 1 肋最短。从第 1 至第 5 肋长度依次增加，第 5 至第 8 肋长度均相等，第 9 至第 12 肋长度依次缩短。第 5 肋最宽，第 6 和第 7 肋稍窄，第 8 至第 12 肋较细。第 6 肋的特征是弯曲如肘，约在其后缘中部有一结节。类似的结节也见于第 5 和第 7 肋，但不太明显。值得注意的是，附着于胸骨片上的这些强壮肋，由它们支持胸骨胖胀。前 2 肋的纵轴几乎是直的，第 3 肋的是 S 形的，第 4 肋的 S 形不如第 3 肋的明显，其余各肋通常有一朝向外侧的弯曲。第 7 肋约在其总长的中部、结节平面有一可辨识的前角。前 4 或 5 肋的肋角几乎为 90°。胸前口相对宽大，几乎呈四边形，这除与肋颈的长度有关外，也与肋角有关。从第 7 肋起，肋角更敞开，到最后肋便识别不出肋角，仅有轻度的弯曲。肋沟在第 1 或第 2 肋不清楚或缺失，在第 3 至第 10 肋清楚，在第 4 至第 7 肋最深。在第 4 至第 9 肋前缘近侧 1/3 出现一前外侧沟，在第 6 至第 8 肋最显著。

第 1 肋的肋头关节面有二，大而稍凸的关节面与第 7 颈椎成关节，较平坦的背内侧关节面与第 1 胸椎成关节。肋颈长，与肋的长轴垂直。在其外侧面有一低的结节。肋结节突出，其关节面呈鞍形，轴朝向后内侧，允许沿横轴运动。在关节面的腹内侧有一深窝。在颈的下方，前内侧表面光滑，有浅沟供腋血管通过。在前缘中部有一隆起，在此隆起下方，前面和外侧面变粗糙，供肌肉附着。后内侧缘在大多数标本有一沟，在肋中部最深。第 3 至第 6 结节的关节面比第 1 和第 2 肋的更靠内侧，朝向后背侧。关节面呈鞍形，或凸；第 7 肋的较小，凹。从第 8 肋向后，关节面呈卵圆形，平坦，朝向后背侧。在第 12 肋，肋头和肋结节的关节面愈合，形成单个凸起，沿一纵轴旋转。在结节外侧有高出的区域供肌肉附着。除最后肋外，所有肋的肋头关节面均有两个小面，分别为圆形的前面和平坦的内侧面。肋软骨在早年发生骨化。从第 1 至第 8 肋，肋软骨长度增加。前 4 肋软骨朝向前背侧，第 5 肋软骨几乎垂直，第 6 肋软骨稍向后方倾斜。接续肋软骨彼此重叠，被结缔组织牢固地连接在一起。它们合起来几乎形成一条直线，该直线内侧稍凹，朝向背后方构成肋弓。仅第 1 肋软骨与胸骨形成滑膜关节。从第 2 到第 7 肋软骨，其远端尖，与胸骨构成软骨联合。第 8 肋软骨远端平坦，附着于第 6 与第 7 胸骨片之间的对应沟。

（2）胸骨　位于胸廓底壁的正中，由 7 个胸骨片借软骨连接而成（图 1-14）。幼年驼，软骨连接宽大，为肋楔形的远端提供附着点。老龄驼，胸骨显示不同程度的骨化。胸骨的前部为胸骨柄，中间为胸骨体，后端为剑状突接剑状软骨。骆驼的胸骨呈船形，这是因为第 5 和第 6 胸骨片长、高、宽均极度增大，它们与第 7 胸骨片一起支持皮肤的胸骨胼胝。

胸骨柄尖，每侧有与第 1 肋成关节的细长关节面。胸骨体向后方逐渐变宽。每一胸骨片中部缩细，两端扩大，在两端与对应肋借软骨相接。从第 1 至第 6 胸骨片，背腹径逐渐增大，致使胸骨横径呈楔形，尖朝向腹侧。第 5 胸骨片高与宽相等，但第 6 胸骨片腹侧面向背后方倾斜连结第 7 胸骨片。第 7 胸骨片背腹向呈楔形，从背侧面观察时呈梯形。在腹侧，第 6 和第 7 胸骨片有深的正中沟，在两胸骨片结合处最深。剑状软骨小。第 2 至第 5 肋的肋软骨楔入相邻胸骨片之间；第 6 肋的肋软骨附着于第 6 胸骨片的后外侧面，第 7 肋的肋软骨连至第 6 与第 7 胸骨片间区；第 8 肋借结缔组织牢固地连结到第 7 肋，并在前一肋后腹侧附着于最后胸骨片。

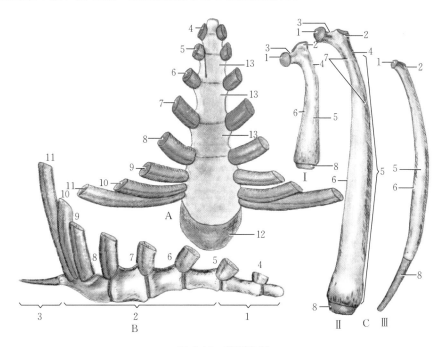

图 1-14　胸骨和肋

A. 胸椎腹侧面观　B. 胸椎右侧面观　C. 肋骨侧面观

1. 胸骨柄　2. 胸骨体　3. 剑状软骨　4～11. 肋软骨　12. 剑状软骨　13. 胸骨（节）片

Ⅰ. 第 1 肋　Ⅱ. 第 6 肋　Ⅲ. 第 12 肋

（资料来源：哈斯苏荣，《双峰驼解剖图解》，2013）

（二）躯干骨的连结

分为脊柱关节和胸廓关节。

1. 脊柱关节 可分为椎体间关节、椎弓间关节和脊柱总韧带。

（1）椎体间关节 相邻椎骨的椎头与椎窝之间借椎间盘或椎间软骨相连而成。

（2）椎弓间关节 是相邻椎骨的关节突构成的关节。

（3）脊柱总韧带 是贯穿脊柱、连结大部分椎骨的韧带，包括棘上韧带、背侧纵韧带、腹侧纵韧带和棘间韧带等。

① 棘上韧带 位于棘突的顶端，在颈部特别强大，由弹性组织构成，呈黄色，称项韧带，可使骆驼松弛的颈部显著背屈。它从头骨后面伸至胸后部。项韧带分成左右两半，每半又分为索状部和板状部。索状部呈圆索状，起始于枕外隆突。从第 2 颈椎向后，由于它接受来自板状部的纤维而逐渐变平坦、强大。从第 1 胸椎平面起，它变成强大、几乎呈矢状排列的韧带板（图 1-15），附着于胸椎棘突游离端的外侧面。在第 4 至第 6 胸椎平面最宽。背肩胛韧带的中间筋层与这一部分较薄的腹侧缘愈合。背肩胛韧带的深层在最长肌与髂肋肌之间止于肋骨，浅部则伸过髂肋肌和肋间外肌表面，在第 4 至第 9 肋之内这些肌肉的近侧部上形成一黄色弹性层。索状部以弹性索起始于第 2 至第 7 颈椎棘突。来自第 2 至第 6 颈椎棘突的部分走向后背侧，并在加入索状部之前互相愈合。来自第 7 颈椎的部分不加入索状部，单独附着于第 1 和第 2 胸椎棘突的游离端。

② 背侧纵韧带 位于椎管的底壁，由枢椎向后伸延止于荐骨，有防止椎间盘脱出的作用。

③ 腹侧纵韧带 位于椎体和椎间盘的腹侧，起始于第 7 胸椎，止于荐骨的骨盆面。

④ 棘间韧带 位于棘突之间的短韧带，越向后逐渐变强大，在第 6 和第 7 颈椎之间最发达。此外，为适应头部的灵活运动，脊椎关节中还出现了活动性较大的寰枕关节和寰枢关节，前者是寰椎的关节窝与枕髁构成的双轴关节，后者是寰椎与枢椎齿突构成的单轴关节。

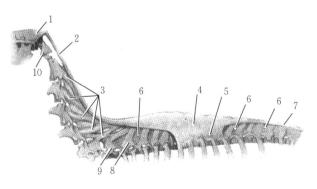

图 1-15 项韧带和棘上韧带（左侧面）

1. 枕骨 2. 项韧带索状部 3. 项韧带板状部 4. 板样矢状部 5. 代表背肩胛韧带中层的弹性扩展部

6. 棘间韧带 7. 棘上韧带 8. 第 1 胸椎 9. 最后颈椎 10. 第 1 颈椎

（资料来源：雷治海，《骆驼解剖学》，2002）

2. 胸廓关节 胸廓关节包括肋椎关节和肋胸关节。

（1）肋椎关节 由肋头关节和横突关节组成。肋头关节由肋头上 2 个小关节面与相邻两椎骨体的前肋凹和后肋凹构成；横突关节由肋结节的关节面与胸椎的横突肋凹构成。

（2）肋胸关节　　由真肋的肋软骨与胸骨构成。

五、头骨及其连结

头骨分颅骨和面骨。颅骨位于头的后上方，包括枕骨、顶骨、顶间骨、额骨、筛骨、犁骨、翼骨、颞骨、前蝶骨和后蝶骨，构成颅腔、感觉器官（眼和耳）和嗅觉器官的保护壁。面骨位于前下方，包括鼻骨、泪骨、上颌骨、下鼻甲骨、切齿骨、腭骨、颧骨、下颌骨和舌骨，形成口腔、鼻腔、咽、喉和舌的支架。骆驼头骨的形状和结构与其他反刍家畜明显不同，但由于其额骨相对较小，颅顶主要由顶骨构成，所以从头骨的整体外形来看，它更接近马的头骨。鉴于头骨在生产实践及临床应用中的作用较小。下面对构成头骨的诸骨不逐一做详细描述，仅对其背侧面、后面、外侧面、底面、内侧面（颅腔和鼻腔）、下颌骨和舌骨、头骨关节特征做一简要介绍。

（一）背侧面

头骨的背侧面（图1-16）由颅骨和面骨共同构成。颅骨由枕骨、顶骨、顶间骨、额骨

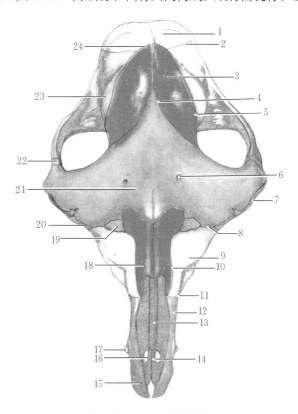

图1-16　头骨（背面观）

1.枕骨　2.枕乳突缝　3.顶骨　4.顶额缝　5.顶颞缝　6.眶上孔　7.眶窝　8.额颌缝　9.上颌骨
10.鼻颌缝　11.鼻切齿骨缝　12.切齿骨鼻突　13.犁骨　14.切齿骨腭突　15.切齿骨　16.腭裂
17.犬齿　18.鼻骨　19.泪囟　20.泪骨　21.额骨　22.颧骨颞突　23.颞骨鳞部　24.顶枕缝

（资料来源：哈斯苏荣，《双峰驼解剖图解》，2013）

和颞骨构成。顶间骨与枕骨鳞部完全愈合，难以分辨。额骨位于顶骨前方。项嵴呈穹窿形，构成颅骨凸出的后缘。外矢状嵴也很突出，在顶额缝分叉形成颞线。颞线伸向额突根。颞窝宽阔，后方凹。

在眶平面中线两侧可见 1 个或多个眶上孔。滑车下切迹在眶上缘形成深的切迹。滑车下切迹也可能发生次生性闭合，形成一裂缝样孔。鼻额缝位于眶平面稍前方。鼻骨相对较短。其末端具有一短的内侧突和一长的外侧突。鼻骨侧面是上颌骨。上颌骨只见于鼻部，形成该部细长的背外侧缘。它在前方仅有一部分参与形成骨质鼻孔，在背侧与鼻骨、在前腹侧与切齿骨愈合。因此，不存在鼻切齿骨切迹。两切齿骨在前方不愈合。沿骨质鼻孔的底可以看到犁骨。它在前方与切齿骨的腭突愈合。

（二）后面

后面即项面。穹窿形的项嵴朝向背后方（图 1-17）。项嵴下方粗糙的正中部为枕外隆凸。其两侧界是柱状凸起，它们沿中线向腹侧集中，形成枕骨大孔的背侧缘。在每侧凸柱的外侧是一浅凹，称髁背侧窝，在此窝的背外侧角沿枕颞缝有一大的乳突孔。岩颞骨的乳突在后方与髁旁突基部、在前方与鼓后突愈合。枕髁沿其外侧缘压扁形成圆边，后面稍凸，内侧缘直，形成枕骨大孔的外侧界。髁旁突位于枕髁外侧，垂直，其末端向下伸展略超过枕髁。髁腹侧窝深。

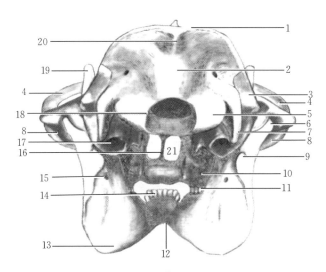

图 1-17 头骨（后面观）
1. 枕嵴 2. 枕鳞（枕骨鳞部） 3. 颞骨鳞部 4. 额骨颞突 5. 枕骨髁 6. 下颌髁（髁状突）
7. 颈静脉突 8. 颧骨 9. 角状突起 10. 切齿骨 11. 臼齿 12. 颏角 13. 下颌角 14. 切齿 15. 下颌孔
16. 犁骨 17. 茎突 18. 枕骨大孔 19. 下颌骨冠状突 20. 枕外隆凸 21. 鼻后孔
（资料来源：哈斯苏荣，《双峰驼解剖图解》，2013）

（三）外侧面

骨质的眼眶大约位于项嵴与头骨前端之间的中部。最后臼齿位置相对更靠后方，在眶后部平面上。外矢状嵴是颅骨的背侧凸。在眶与鼻的轮廓之间有一凹陷，短而直。

外侧面后部的特征是有宽阔的颞窝，颞窝的后界是项嵴及其延续——颞嵴，背侧界是外矢状嵴和颞线。枕骨、顶骨和颞骨构成颞窝的底。沿中线有 2 个或多个孔供板障静脉通过；在鳞颞骨颧突根部恒存一孔。颧弓向前走至骨质眼眶的外侧面。紧靠眼眶，颞骨颧突与颧骨的颞突愈合。颞突在背侧连结额骨的颧突。对颌关节面由前方宽而平的水平面和关节后突上的后垂直区组成。

外耳的附着处——外耳道由后方的鼓后突和前方垂直的关节后突支持。鼓泡前后压扁，向腹侧伸展超过髁旁突。肌突短。茎突在茎突鞘深部位于外耳道直后腹侧。茎乳突孔位于茎突上方。

骨质眼眶位于颅骨和面骨交界处，由颅骨和面骨共同组成。眶缘由颧骨、泪骨和额骨组成。眶内壁由额骨、泪骨和前蝶骨翼构成。在腹侧，含有最后臼齿的上颌骨构成骨质眼眶的底。筛孔与位于前背侧一较小的孔相伴。视神经管的侧界是一骨针，其长度可达 200mm。眶圆孔大。在其前方和腹侧，沿底蝶骨翼突与腭骨垂直部的愈合线可见一小孔，这是翼管的前口。后二孔的侧界是翼嵴。在前方，泪骨上有一漏斗形的泪囊窝，通向泪管口。在泪孔的腹内侧，出现第 2 个孔，连结鼻腔。第 3 个孔位于后一孔的后内侧，在额骨、泪骨和上颌骨连结处，也通向鼻腔，下斜肌窝位于泪孔内侧和后方。滑车凹位于距眶上缘约 15mm 处，其后缘是一脊。滑车下切迹深，位于滑车凹前腹侧，滑车凹后方是眶上孔，通眶上管，眶上管开口于额骨背侧面。在眶上孔附近可见许多小孔。

翼腭窝由额骨垂直部凹面构成。蝶腭孔位于其前背侧面，腭后孔位于其近腹侧。上颌孔大，位于最后第 2 臼齿平面上方。

面部的外侧面由上颌骨、切齿骨、泪骨和额骨构成。无面嵴或面结节，眶下孔大，位于第 2 颊齿（第 3 前臼齿）平面上方。鼻梁明显收缩，致使在眶前内侧的外侧面形成一深凹，切齿骨构成骨质鼻孔的外侧缘，载有 1 个切齿。在切齿的后方，上颌骨前面载有 1 个大的犬齿，紧跟其后的是犬齿样的第 1 前臼齿。第 1 与第 2 前臼齿之间有大约 4mm 的间隔。第 2 和第 3 前臼齿保留的齿冠即临床根，被一薄骨层覆盖，其轮廓在眶下孔前方可以看到。第 1 臼齿（M1）见于眶下孔平面近后方；最后臼齿（M3）向后延伸至骨质眼眶的后缘。

（四）底面

底面即腹侧面（图 1-18）。头骨底从枕骨大孔伸至犁骨后面，枕髁被一 V 形切迹分开。舌下神经管不在髁腹侧窝内开口，而是开口于其后内侧。髁管开口于舌下神经管口顶壁。颈静脉孔不完全地分成大而圆的外侧孔和小的内侧孔。在颈静脉孔前方，沿鼓枕出现另外一孔。颈动脉管外口见于岩颞骨前面与底蝶骨之间。其前缘通向底蝶骨表面一沟，此沟进入翼管。翼管开口于翼腭窝。肌咽鼓管口位于颈动脉管口外侧。卵圆孔在底蝶骨翼突根部，位于颈动脉管前外侧。关节后孔连接下颌窝内侧较大的孔。此二孔均通至颞道。鼓索小管在颞道内口直后内侧开口于岩鼓裂。底面一个明显的特征是翼骨钩与底蝶骨翼突游离（远侧）部的位置特殊，底蝶骨翼突位于翼骨钩外侧。

二者均朝向后外侧，翼骨钩比底蝶骨翼突向后伸展稍远到达下颌窝平面。鼻后孔不完全被犁骨分开。后者在腭上颌缝后方连接硬腭。鼻后棘短而尖。腭骨垂直部形成鼻咽道深的外侧壁。鼻咽道的顶由覆盖前蝶骨及底蝶骨前1/3的犁骨构成。腭部占头骨腹侧面全长一半以上。最后颊齿一部分凸向后方超出硬腭后界。硬腭外侧界是上颌骨齿槽突，前界是切齿骨齿槽突。颊齿在前方向中线靠拢，致使骨质硬腭变狭窄。骨质硬腭的后部由腭骨水平部构成，后者在第2臼齿（第4颊齿）平面与上颌骨的腭突愈合。齿槽间缘载有犬齿样的第1前臼齿和大的犬齿。切齿骨齿槽上只有1颗切齿。切齿骨的腭突在后方与对侧腭突和上颌骨的腭突愈合。腭裂狭窄，朝向前外侧。腭大孔位于上颌骨腭突上，在中线与前二颊齿（第2和第3前齿）交界处中间位置。在该孔后方，腭大管的径路上有2~4个腭小孔。

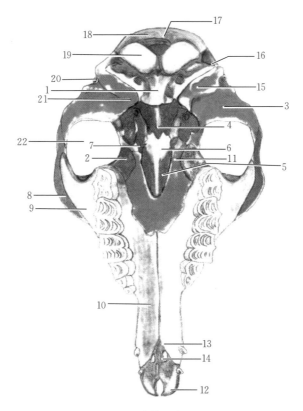

图 1-18　头骨（底面观）
1. 枕骨　2. 额骨　3. 颞骨鳞部　4. 蝶骨体　5. 鼻后孔　6. 犁骨　7. 翼骨　8. 颧骨　9. 上颌骨
10. 上颌骨腭突　11. 腭骨　12. 切齿骨体　13. 腭突切齿骨缝　14. 切齿骨齿突　15. 茎突　16. 舌下神经孔
17. 枕骨大孔　18. 枕鳞（枕骨鳞部）　19. 枕骨髁　20. 外耳道　21. 颞骨鼓部　22. 眶窝
（资料来源：哈斯苏荣，《双峰驼解剖图解》，2013）

（五）内侧面：颅腔和鼻腔

　　颅腔从枕骨大孔伸至筛骨，鼻腔从筛骨伸至骨质鼻孔。颅腔被圆的枕内隆突和锐缘的岩嵴分为较大的前部和较小的后部。两部之间的底缘是发达的鞍背。颅顶由枕骨、顶骨和额骨构成。颅腔的前部由额骨内板、筛骨及厚的鸡冠和狭而深的筛窝组成。蝶鞍由边界清楚的垂体窝及其后方相当宽大而突起的鞍背和前方的前床突组成，前床突从前蝶骨翼突出。上颌神经和眼神经通过之间的沟清楚分开。鼻腔含有筛鼻甲骨（包括上鼻甲和中鼻甲）和下鼻甲，后者特别大。其前端伸至骨质鼻孔，后端伸至鼻后孔。在腭骨水平部无腔体。

（六）下颌骨和舌骨

1. 下颌骨　在骆驼出生后的前几个月内，下颌的左右两半愈合（图 1-19）。下颌骨由下颌骨体和下颌骨支组成。下颌骨体分为切齿部和臼齿部。切齿部含有 6 颗切齿和 2 颗犬齿。年幼骆驼似乎有 8 颗切齿，但拐角的 2 颗实际上是犬齿。在犬齿后方大约 200mm 处，在成年驼着生有象牙样的第 1 前臼齿（PM1）。PM1 不换齿，在 5~6 月龄时长出。PM1 与 PM2 之间的齿槽间缘长约 200mm。臼齿部形成在颊角向后外侧分叉的直线。下颌支联合处到达 PM1 与 PM2 之中点。每侧有 4 颗颊齿，即 PM2 和 3 颗臼齿，腹侧缘在面动脉切迹之前，但在幼年动物标本上，腹侧缘稍凸。颏孔位于象牙样的 PM1 的腹侧。此外，有一颏后孔，位于第 2 颊齿（M1）下方。下颌骨支在下颌角凸出，其特征是有尖的角突，它与颊齿磨面在一条水平线上。下颌髁突的关节面是下颌骨头，由扁平的后部和前背侧面组成；前背侧面较宽，稍凸。

翼肌凹是关节面直前方和腹内侧的粗糙区。冠状突垂直，长约 500mm，咬肌窝浅。下颌骨支的内侧面在大的下颌孔前背侧凹。在该孔的前背侧有一清楚的嵴，而翼肌凹为含有清楚肌线的平坦表面。下颌骨支的后缘形成锐缘。

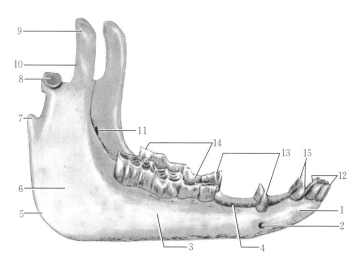

图 1-19　下颌骨

1. 切齿部　2. 颏孔　3. 臼齿部　4. 齿槽间缘　5. 下颌角　6. 下颌支与咬肌面　7. 下颌骨后突
8. 下颌髁（关节突）　9. 冠状突（肌突）　10. 下颌切迹　11. 下颌孔
12. 切齿　13. 前臼齿　14. 后臼齿　15. 犬齿

（资料来源：哈斯苏荣，《双峰驼解剖图解》，2013）

2. 舌骨 底舌骨无舌突，在后方完全与甲状舌骨愈合。角舌骨在中线两侧附着于底舌骨前方。上舌骨比角舌骨长1倍。茎突舌骨比上舌骨稍长，向内侧弯曲。茎突舌骨角突出。鼓舌骨为软骨，连接舌器与颞骨茎突（图1-20）。

（七）头骨关节

头骨的关节大多数为不活动的纤维关节和软骨关节，只有下颌骨与颞骨构成颞下颌关节，是头骨具有活动性的关节。

六、四肢骨及其连结

（一）前肢骨

骆驼的前肢一直是躯体的负重轴。每一块骨都很发达，前臂骨和掌骨相对较长。前肢骨由肩胛骨（前肢带）、肱骨（臂部骨骼）、前臂骨（桡骨、尺骨）和前足骨骼（腕骨、掌骨和指骨）组成。

1. 肩胛骨 肩胛骨（图1-21）是三角形扁骨，分3个缘（背侧缘、后缘和前位缘）、

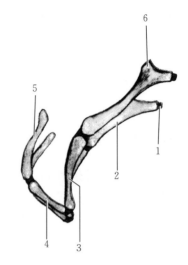

图 1-20　舌骨
1. 鼓舌骨　2. 茎突舌骨　3. 上舌骨
4. 角舌骨（小角）　5. 甲状舌骨（大角）　6. 肌突
（资料来源：哈斯苏荣，《双峰驼解剖图解》，2013）

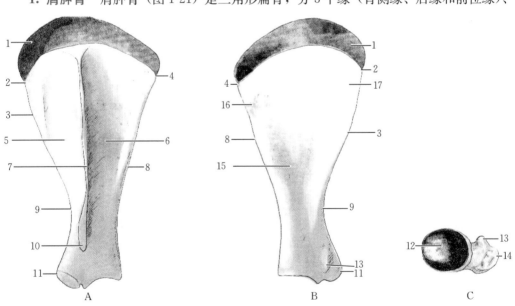

A B C

图 1-21　肩胛骨
A. 肩胛骨外侧面观　B. 肩胛骨内侧面观　C. 肩胛骨远端腹侧面观
1. 肩胛软骨　2. 肩胛骨前角　3. 肩胛骨前缘　4. 肩胛骨后角　5. 冈上窝　6. 冈下窝　7. 肩胛冈
8. 后缘　9. 前缘　10. 肩峰　11. 肩胛结节（盂上结节）　12. 关节盂（肩臼）　13. 乌喙突
14. 肩胛结节（盂上结节）　15. 肩胛下窝　16. 后锯肌面　17. 前锯肌面
（资料来源：哈斯苏荣，《双峰驼解剖图解》，2013）

3个角（后角、前角和腹侧角）和2个面（肋面和外侧面）。背侧缘或称椎缘，稍突，有肩胛软骨附着。前缘比后缘锐，它们向腹侧角集中，形成盂腔（肩臼）。外侧面被肩胛冈分成较小的冈上窝和较大较凹的冈下窝。无明显的肩胛冈结节。肩峰尖，游离地凸向前腹侧。肋面或内侧面在肩胛下窝部稍凹。锯肌面由较小的前区和较宽阔的后区组成。肩胛颈向盂腔和突出的盂上结去变宽。喙突位于其内侧面。增厚的后缘在此平面含有肌嵴，供臂三头肌的长头附着。盂腔为几乎呈环形的浅凹，内侧缘不如外侧缘弯曲。

2. 肱骨　成年驼的肱骨（图 1-22）粗大，由一骨体和两骨端组成。近端特别粗大，肱骨头朝向后背侧。肱骨颈界线不清楚。大结节不分开。小结节由突出的前部和小的后部组成，后部界线不很清楚。有突出的中间结节。后者将结节间沟分开。冈下肌面界线不清楚。大圆肌粗隆为一卵圆形粗糙区，与外侧的三角肌粗隆位于同一平面上。小圆肌粗隆位于三头肌线直前方，界线不清楚。肱骨体在三角肌粗隆平面远侧，不太粗大。臂肌沟前界是不发达的肱骨嵴。在肱骨体前面、距近侧端大约2/3处有一滋养孔。远端称肱骨髁，由肱骨小头和未分开的肱骨滑车组成。肱骨小头位于外侧，特征是沿其中部有一矢状嵴；肱骨滑车位于内侧。桡窝位于滑车上方，向外侧延续至小头上方，在此处有一横嵴形成其近侧界。鹰嘴窝深而宽。外侧上髁比内侧上髁粗大，外侧上髁嵴突出。

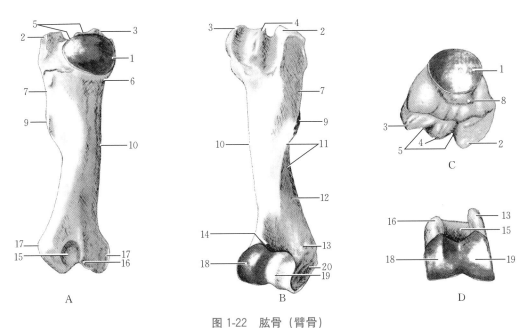

图 1-22　肱骨（臂骨）

A. 肱骨内侧面观　B. 肱骨外侧面观　C. 肱骨近端　D. 肱骨远端

1. 肱骨头　2. 大结节　3. 小结节　4. 中间结节　5. 结节间沟（肱二头肌沟）　6. 肱骨颈　7. 大结节嵴
8. 肱骨头窝　9. 三角肌粗隆　10. 肱骨体　11. 肱骨嵴　12. 臂肌沟　13. 肱骨外侧上髁　14. 冠状窝
15. 鹰嘴窝　16. 肱骨内侧上髁　17. 内侧韧带窝　18. 肱骨外侧滑车　19. 肱骨内侧滑车　20. 外侧韧带窝

（资料来源：哈斯苏荣，《双峰驼解剖图解》，2013）

3. 前臂骨　前臂骨由桡骨和尺骨组成。桡骨和尺骨在成年驼愈合，但在幼驼两骨界线清楚。成年驼的桡骨长约520mm，尺骨（从鹰嘴到茎突）长约600mm（图 1-23）。

（1）桡骨　桡骨头含有桡骨头凹，后者由2个浅凹组成，被一嵴分开。内侧浅凹与鹰嘴滑车切迹的关节面相延续。在桡骨头的内侧和外侧是供韧带附着的结节区。外侧的比内侧的显著。大的桡骨粗隆位于前内侧。桡骨体在成年驼与尺骨愈合，前面凸，后面平坦。从前面观察时，其近侧端稍弯向内侧；骨体其余部分垂直。在远侧和前方，有2条宽的浅沟，供腕和指的伸肌腱通过。滑车的关节面由3个区域组成，与近列腕骨成关节。最外侧的一个明显有愈合线，甚至在成年驼也是如此，该线标志外侧茎突的界线。内侧茎突形成可触及的突起。

（2）尺骨　在幼龄、未成年的骆驼，尺骨由鹰嘴、骨体和位于远侧的尺骨头组成。

在成年驼，桡骨与尺骨愈合。小的骨间隙有与桡骨的愈合线，但在远侧滑车上的愈合线为与茎突的界线。鹰嘴朝向后背侧，具有发达的鹰嘴结节，后者稍分叉。滑车切迹终止于尖的肘突。其关节面与桡骨头凹的内侧部相延续。桡骨与尺骨之间的愈合线几乎是一条直线。因此，即使在幼龄动物也无桡骨切迹。尺骨体沿其后外侧面与桡骨愈合。尺骨体与尺骨头之间的骺线位于桡骨体与桡骨滑车之间骺线的近侧。在成年驼，1个或多个骨间隙有愈合线，愈合线在滑车面也可识别。因此，如同在马属动物一样，形成外侧茎突。

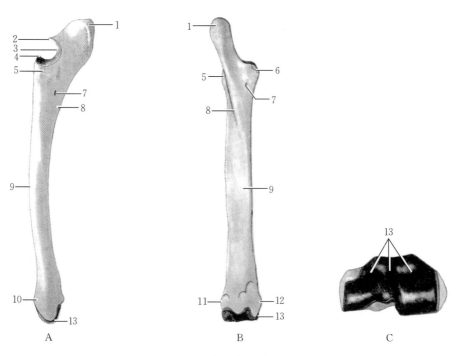

图 1-23　前臂骨

A. 前臂骨侧面观　B. 前臂骨后面观　C. 前臂骨远端

1. 鹰嘴结节　2. 肘突　3. 半月形切迹（关节面）4. 桡骨头凹　5. 内侧韧带结节　6. 外侧韧带结节
7. 前臂骨间隙　8. 尺骨　9. 桡骨　10.（肌）腱沟　11. 桡骨茎突　12. 尺骨茎突　13. 腕关节面
（资料来源：哈斯苏荣，《双峰驼解剖图解》，2013）

4. 腕骨　腕骨有7块，排成2列，近列腕骨有4块，由内向外顺次为副腕骨（或豌豆状骨）、尺腕骨（或三角骨）、中间腕骨（或月状骨）、桡腕骨（或舟骨）；远列腕骨有3块，顺次为第2腕骨（或小多角骨）、第3腕骨（或头状骨）和第4腕骨（或钩骨）（图1-24）。

（1）副腕骨　除与尺腕骨成关节外，还与尺骨愈合的远侧部成关节。其游离端呈结节状，粗糙。它弯向掌侧和远侧，但其远侧缘几乎是直的。外侧面比内侧面粗糙，常含有走向掌远侧的浅沟。内侧面含有清楚的、光滑的凹陷，与远侧缘平行，表面其余部分相当粗糙。

（2）尺腕骨　近侧有一倾斜的凸面与副腕骨成关节和一较大且大部分凹陷的区域与桡骨成关节。在其内侧有 2 个小面：一平坦的近侧区和一 S 形的远侧区，与中间腕骨成关节。其远侧关节面呈鞍状，与第 4 腕骨成关节。

（3）中间腕骨　从背侧观察时呈棒状，远侧端尖。它在掌侧不规则地凸出，与外侧的尺腕骨成关节，并通过 2 个小面与内侧的桡腕骨成关节。对侧桡骨关节面凸而不规则。它在远侧楔入第 3 与第 4 腕骨之间。

（4）桡腕骨　朝向背侧和内侧，在其外侧面有 3 个小面与中间腕骨成关节。对侧桡骨关节面呈鞍状。远侧关节面含有 2 个小面，一深的凹区与第 2 腕骨成关节，一肾形面与第 3 腕骨成关节。

（5）第 2 腕骨　是最小的腕骨，其近侧凸，远侧平坦。它在近侧与桡腕骨成关节。在背内侧有 2 个小面与第 3 掌骨成关节，在远侧与第 3 掌骨成关节。

（6）第 3 腕骨　宽大于高，具有一掌侧突。后者与中间腕骨成关节。近侧关节面上较大的小面与桡腕骨一部分成关节，而较小的斜区与中间腕骨成关节。外侧面上的 2 个小面连接第 4 腕骨。它在远侧与第 3 掌骨成关节。

（7）第 4 腕骨　是最大的远列腕骨，近侧关节面呈鞍状，与尺骨成关节。近端内侧的斜小面与中间腕骨成关节。2 个内侧小面与第 3 腕骨成关节。第 4 腕骨具有明显的掌侧粗隆。它在远侧与第 4 掌骨成关节。

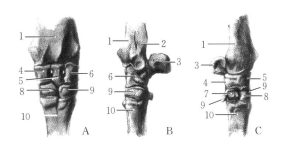

图 1-24　左侧腕骨

A. 前面　B. 外侧面　C. 内侧面

1. 桡骨远侧端　2. 尺骨远侧端　3. 副腕骨　4. 桡腕骨　5. 中间腕骨
6. 尺腕骨　7. 第 2 腕骨　8. 第 3 腕骨　9. 第 4 腕骨　10. 掌骨近侧端

（资料来源：雷治海，《骆驼解剖学》，2002）

5. 掌骨　骆驼的掌骨有 2 枚，即第 3 掌骨和第 4 掌骨。除第 3 掌骨和第 4 掌骨的远侧 1/5 外，2 枚掌骨愈合，它们在远侧分开，分别形成独立的关节面与对应指成关节。第 3 掌骨底的关节面比第 4 掌骨的稍高；第 3 掌骨上的掌内侧小面与第 2 腕骨成关节；其余 2 个小面连结第 3 腕骨。第 4 掌骨的关节面与第 4 腕骨成关节。在第 3 掌骨背侧面近侧有明显的粗隆，称第 3 掌骨粗隆。大约在粗隆远侧 50mm 处一较小的结节。

在第4掌骨背侧面近侧也有一个结节。有一浅沟或不清楚的线为第3与第4掌骨之间的愈合线。此沟在幼驼细，且不中断。掌侧面近侧2/3，掌近管开口于掌骨底附近。在此区可见一粗糙面供韧带附着。掌骨内侧面的近侧半平坦，呈长方形。它在远侧变得更细长，具有圆形边缘。掌骨外侧面在近侧稍向后外侧倾斜，其掌侧缘粗糙、稍弯曲。第3和第4掌骨的远侧关节面不在一条直线上，而是稍成一定的角度。第3掌骨的远侧关节面比第4掌骨的更靠背侧。尽管掌骨与跖骨的长度大致相等（在成年驼为350～360mm），但掌骨比跖骨粗大（图1-25）。

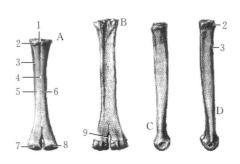

图1-25 左侧掌骨

A. 背侧面 B. 掌侧面 C. 外侧面 D. 内侧面

1. 关节面 2. 第3掌骨粗隆 3. 结节 4. 背侧纵沟 5. 第3掌骨 6. 第4掌骨

7. 第3掌骨的远侧关节面 8. 第4掌骨的远侧关节面 9. 滑车间切迹

（资料来源：雷治海，《骆驼解剖学》，2002）

6. 指骨 骆驼有2指（图1-26），即第3指和第4指，每一指由3个指节骨和2个近籽骨组成。骆驼无远籽骨。前肢的指节骨比后肢的大。

（1）近指节骨 近指节骨也称系骨，由底、体和头3部分组成，在公驼长约95mm，在母驼长约90mm。外侧近指节骨比内侧近指节骨长约3mm。近指节骨底的背侧凸，掌侧平坦。关节凹沿横轴稍凹，有一掌侧切迹；切迹两侧为近籽骨的轴侧和远轴侧关节面。在底的轴面有一横嵴供韧带附着，在远轴侧面同一水平上有一高起区。近指节骨止于掌侧面近侧1/3。近指节骨头两侧压扁状，供韧带附着。关节面高度凸起，在掌侧面向近侧扩展，在此处中部形成沟槽。远轴侧凸起比轴侧凸起大，向近侧伸展更远。这一特征可用于确定近指节骨的轴侧与远轴侧面。远侧关节面在公驼约宽35mm，在母驼约宽30mm。

（2）中指节骨 中指节骨又称冠骨，由底、体和头组成，其长度约为近指节骨的一半。外侧

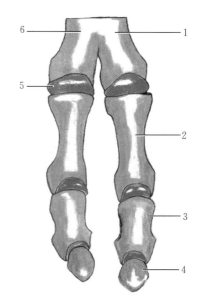

图1-26 前肢指骨

1. 第3掌骨 2. 第1指节骨（系骨）

3. 第2指节骨（冠骨） 4. 第3指节骨（蹄骨） 5. 关节面 6. 第4掌骨

（资料来源：哈斯苏荣，《双峰驼解剖图解》，2013）

中指节骨比内侧中指节骨长 2～3mm。中指节骨底面或多或少的为卵圆形；关节面沿横轴稍凹。在背侧稍偏远轴侧，有一横嵴，为伸肌突。在此嵴近侧有一凹陷。中指节骨体背侧凸，掌侧平坦。中指节骨的远侧端称头，每侧有一凹陷供韧带附着，关节面高度凸起，在掌侧面向近侧扩展。如同在近指节骨一样，远轴侧唇比轴侧唇向近侧扩展更远。

（3）远指节骨　远指节骨又称蹄骨（爪骨），小，呈楔形。关节面稍凹。壁面粗糙，在近侧有一高起的凸起。在其远侧可见一横嵴，称爪嵴。在轴侧面此嵴正后方可见有轴侧孔。背侧缘将壁面分成小的近轴侧区和较大的远轴侧区。底面的较大部分相对光滑，这一区域为屈肌面。远指节骨尖粗糙。

（4）近籽骨　轴侧近籽骨比远轴侧近籽骨大。近籽骨略呈楔形，尖朝向近侧。关节面有二，较小的小面与掌骨远侧关节面掌侧面的嵴成关节，较大的面与其旁边的区域成关节。在底部有一小面与第 1 指节骨成关节。

近指节骨远侧的一半、全部的中间指节骨和远指节骨构成骆驼的前足骨骼。在正常站立情况下，近指节骨向下向前倾斜大约 70°，其余 2 指节骨几乎呈水平位。

（二）前肢关节

骆驼前肢与躯干骨之间不形成关节，而是借肩带肌将肩胛骨与躯干骨连结起来，形成活动性的肌肉连结。前肢各骨之间均形成关节，从上向下依次为肩关节、肘关节、腕关节和指关节。前肢各关节除肩关节无侧副韧带，为多轴关节外，其余均为有侧副韧带的单轴关节。

1. 肩关节　肩关节由肩胛骨的关节盂和肱骨头构成。关节囊由在前方走向远内侧的肌纤维所加强，这些肌纤维从盂腔边缘伸至肱骨颈。肩关节无侧副韧带，但包围肩关节的肌肉即冈上肌、冈下肌和肩胛下肌起着不同的张力韧带的作用。

2. 肘关节　肘关节由肱骨的远端与前臂骨的近端的关节面组成，关节囊附着于关节面边缘。其后壁相对较薄，在鹰嘴窝内形成宽敞的隐窝。这是最理想的注射部位。关节囊在前方由一斜肌纤维加强，此肌纤维从内侧面向外侧和远外侧呈扇形展开。侧副韧带发达。内侧侧副韧带与臂二头肌止点腱密切联系。此韧带在肱骨上髁之间延伸，并附着于凹窝及更靠近内侧的隆起，终止于桡骨内侧隆起。它在其止点与强大的臂二头肌水平带相连。臂二头肌止点腱的近侧带附着于肱骨髁的边缘。外侧侧副韧带的附着情况与内侧侧副韧带的相似，这种排布形成一种弹响关节，因为张力在半屈曲时最大。外侧韧带在后方由来自上髁的肌纤维加强。在内侧面，朝向前远侧的强大韧带从鹰嘴伸至内侧侧副韧带及其止点（图 1-27）。

3. 腕关节　腕关节（图 1-28）由前臂骨的远端、两列腕骨和掌骨的近端构成，包括前臂腕关节、腕间关节和腕掌关节。腕关节有 3 个关节囊。近侧囊和中间囊宽大，每个关节囊在伸肌支持带下方形成一背侧隐窝。这些背侧隐窝的肌纤维层很发达。近侧关节还形成一掌侧隐窝，在副腕骨平面，从指外侧伸肌与腕尺侧伸肌之间伸向远侧进入掌侧隐窝。

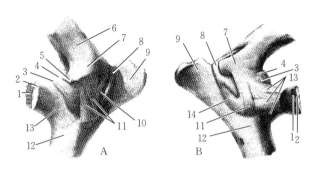

图 1-27　左侧肘关节的韧带和关节囊

A. 外侧面　B. 内侧面

1. 臂二头肌内侧头　2. 臂二头肌前头　3. 斜带　4. 关节囊　5. 腕桡侧伸肌起点　6. 肱骨　7. 上髁

8. 关节囊后隐窝　9. 鹰嘴　10. 来自上髁的额外纤维　11. 内侧、外侧侧副韧带　12. 桡骨

13. 臂二头肌止点　14. 来自鹰嘴的额外韧带

（资料来源：雷治海，《骆驼解剖学》，2002）

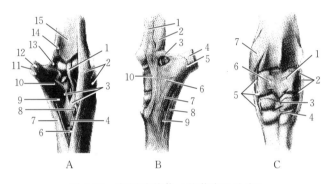

图 1-28　左侧腕关节（关节囊已除去）

A. 掌内侧面　1. 掌侧短韧带　2. 长支持带　3. 掌侧短韧带　4. 腕内侧侧副韧带

5. 从桡腕骨到掌骨的韧带　6. 指深屈肌腱　7. 指浅屈肌腱腕起点　8. 腕桡侧屈肌腱

9. 副腕骨之远内侧附着　10. 副腕骨之中间内侧附着　11. 腕尺侧伸肌止点

12. 腕尺侧屈肌止点　13. 副腕骨之近侧附着　14. 外侧茎突　15. 桡骨

B. 外侧面　1. 桡骨　2. 外侧茎突　3. 副腕骨之近侧附着　4. 腕尺侧伸肌止点　5. 副腕骨轮廓

6、7. 副腕骨之中间和远外侧附着　8. 指浅屈肌起点的长带　9. 骨间中肌起点　10. 腕外侧侧副韧带

C. 背侧面　1、3、4、6. 背侧短韧带　2. 腕外侧侧副韧带

5. 腕内侧侧副韧带　7. 支持韧带

（资料来源：雷治海，《骆驼解剖学》，2002）

　　侧副韧带发达，内侧侧副韧带明显比外侧侧副韧带强大。内侧侧副韧带起始于桡骨的内侧茎突，止于掌骨近端，深束还附着于桡腕骨、第 2 和第 3 腕骨。一长支持带在主韧带近端起始于桡骨的掌内侧面及茎突的前背侧，并与侧副韧带愈合，在其远掌侧止于掌骨的掌内侧嵴；其止点与指浅屈肌的起点相延续。外侧侧副韧带从外侧茎突伸至外侧掌骨的近端。深层的一些短韧带在桡骨与尺腕骨之间和尺腕骨与第 4 腕骨之间走行，以及从第 4 腕骨伸至掌骨近端的背外侧面。骆驼的背侧短韧带没有桡腕背侧韧带。仅有的背侧韧带从第 3 腕骨伸至掌骨近端的背侧中线。在两列腕骨相邻面之间有短的横韧带。掌侧短韧带可见以下几条：①在横嵴的远侧从桡骨伸至中间腕骨和桡

腕骨的强大韧带。②在尺腕骨与第 4 腕骨掌侧突之间的强大韧带。③中间腕骨与第 3 腕骨之间的短韧带。④从桡腕骨到掌骨的韧带，腕桡侧屈肌止点腱从其表面通过。⑤较深层的短韧带连接第 2 腕骨与掌骨。腕骨间中间韧带为单个韧带，连接中间腕骨的远侧面与第 3 和第 4 腕骨的掌近侧面。副腕骨韧带在外侧面有 3 条：一韧带从外侧茎突至副腕骨前背侧面；一宽韧带从腕尺侧伸肌向副腕骨处延伸，附着于外侧侧副韧带、尺腕骨和第 4 腕骨；一韧带从副腕骨向远侧伸至掌骨的掌外侧面，其远侧部与指浅屈肌腱起点相延续。在内侧面可见 2 条：一短韧带将副腕骨从腕尺侧屈肌止点区连至尺腕骨的掌内侧面；一强韧带连接副腕骨与第 4 腕骨，延伸至掌骨近端，与骨间中肌起点混杂。

　　4. 指关节　骆驼有 2 指，每一指的指关节均包括掌指关节、近指节间关节和远指节间关节。

　　（1）掌指关节　掌指关节又称系关节或球节，由掌骨远端、近指节骨远端和近籽骨组成（图 1-29）。内、外侧指的关节囊与其他反刍家畜的一样，互不交通。有掌近侧隐窝和背近侧隐窝。掌近侧隐窝在掌骨与骨间中肌之间、籽骨上方伸展 30mm。这是最容易接近的注射部位。关节囊在背侧由一强肌纤维层加强。一楔形嵴突入关节面之间的关节腔内，侧副韧带从掌骨远侧部内、外侧面的凹窝和隆起伸至第 1 指节骨近侧相应面上的韧带附着区。

　　籽骨韧带有以下几条：①籽骨近侧韧带是纯粹的骨间中肌腱，附着于籽骨的近侧面。②指骨中韧带有二：掌侧韧带连于每一对籽骨之间，含有软骨样的组织，形成屈肌腱的近侧板。内、外侧指的籽骨之间无联系。籽骨侧副韧带将籽骨的远轴侧面和指间面固定于掌骨的远侧端和第 1 指节骨相应的近端。③指骨远侧韧带有三：籽骨交叉韧带从每一籽骨的底伸至第 1 指节骨的对应面掌侧缘，其远侧部相互交叉。籽骨短韧带从每一籽骨的底伸至第 1 指节骨的对应面。籽骨直韧带是一强大的肌纤维体，起于每一籽骨的底及掌侧韧带，附着于第 1 指节骨掌近侧面上的粗糙区。它似乎是马属动物籽骨直韧带和斜韧带的对应物。

　　（2）近指节间关节　近指节间关节又称冠关节，由近指节骨远端的关节面与中指节骨近端的关节面组成。关节囊形成一大的掌侧隐窝和一较小的背侧隐窝。掌侧隐窝向上伸至第 1 指节骨中部。软骨性板由附着于第 2 指节骨掌近侧面的纤维结缔组织加固。侧副韧带有远轴侧韧带和轴侧韧带。横行排列的大白色肌纤维束附着于第 1 指节骨两侧供侧副韧带附着的凹窝上方，并包围指屈肌腱。此外，它们还附着于弹性指垫。掌侧韧带是从第 1 指节骨两侧伸至软骨板的轴侧和远轴弹性带。在远轴侧面，它发出一支至软骨性板，并向近侧伸向关节侧副韧带的起始部。一细长肌纤维带在球节平面起始于指间区，走向远背侧，在关节囊上方与指总伸肌腱止点愈合。

　　（3）远指节间关节　远指节间关节又称蹄关节，由中指节骨远端和远指节骨近端组成。关节囊形成一小的近背侧隐窝和一较大的掌侧隐窝，后者沿中指节骨掌侧面远侧 1/3 延伸。侧副韧带从中指节骨远端上的凹窝伸至远指节骨轴侧和远轴侧面上的浅凹。背侧弹性带有 2 条，从中指节骨伸至远指节骨背侧面上的结节区。轴侧带比远轴侧带大。

舟状软骨韧带：与其他家畜不同，骆驼远籽骨仍是软骨性的，平坦，呈新月形。它在轴侧和远轴侧附着如下：在内侧指，远轴侧韧带向近侧延伸，在侧副韧带背侧附着于第 1 指节骨上；轴侧韧带向掌远侧伸入指间韧带。在外侧指，远轴侧韧带附着于中指节骨近远轴侧面，但轴侧韧带附着与内侧指的相同。在远侧，舟状软骨牢固地附着于远指节骨掌近侧面，水平排列的肌纤维将其附着于中指节骨的轴侧和远轴侧的远背侧面。在舟状软骨与指深屈肌止点腱之间有一舟骨囊，第 2 个非常宽大的囊位于指伸屈肌与指垫之间。

（4）指间韧带　为强大的肌纤维带，在冠关节平面连接第 3 和第 4 指，并向远侧延伸，附着于底内面；在蹄关节平面与强大的指间连接相延续。

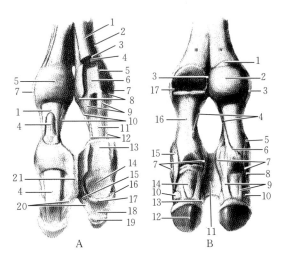

图 1-29　左侧前肢指关节韧带

A. 掌侧面　1. 指浅屈肌腱　2. 骨间中肌　3. 屈肌腱筒　4. 指深屈肌腱　5. 掌侧环韧带
6. 掌侧韧带　7. 侧副韧带　8. 籽骨侧副韧带　9. 籽骨直韧带　10. 指间肌纤维层
11. 近指节骨　12. 冠关节掌侧韧带　13. 中间板　14. 中指节骨　15、16. 远侧籽骨之近轴侧附着点
17. 软骨性远籽骨　18. 软骨性远籽骨之远侧附着点　19. 远指节骨
20. 从爪和远指节骨到指间韧带的纤维带　21. 指间韧带
B. 背侧面　1. 掌指关节囊背侧隐窝　2. 关节囊肌纤维层　3. 掌指关节侧副韧带
4. 指间肌纤维带　5. 弹性掌轴侧韧带，与侧副韧带相续　6. 指伸肌断缘
7. 冠关节侧副韧带　8. 远侧籽骨之远轴侧附着点　9. 第 4 指的背侧弹性韧带
10. 远侧籽骨之侧副韧带附着点　11. 指间韧带　12. 爪　13. 蹄关节侧副韧带
14. 中指节骨　15. 第 3 指远侧籽骨之远轴侧附着点　16. 近指节骨　17. 由关节囊滑膜形成的嵴

（资料来源：雷治海，《骆驼解剖学》，2002）

（三）后肢骨骼

骆驼的后肢骨骼由髋骨（后肢带）、股骨和膝盖骨（股部骨骼）、小腿骨（胫骨和腓骨）和后脚骨骼（跗骨、跖骨和趾骨）组成。后肢骨骼最明显的特征是髂骨翼大、股骨和胫骨长、跗骨和趾骨相对细长。

1. 髋骨　髋骨（图 1-30）由髂骨、坐骨和耻骨组成，与荐骨和前 3 个尾椎一起构成骨盆的骨质基础。每侧的骨在腹侧（坐骨和耻骨）与对侧的连接形成骨盆联合。骨盆联合在幼龄驼为相对宽大的软骨连接。它们有自己的骨化中心，在成年驼与髋骨愈合，但常可见到2条愈合线，中线每侧1条。在腹侧沿骨盆联合的后1/3有一明显的凸起，耻骨腹侧结节明显。

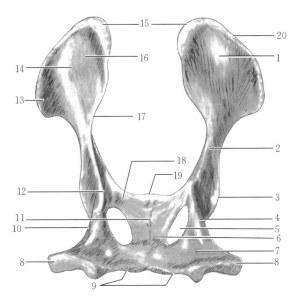

图 1-30　骨盆

1. 髂骨　2. 髂骨体　3. 髋臼　4. 坐骨髋臼支　5. 闭孔　6. 坐骨联合支　7. 坐骨体
8. 坐骨结节　9. 坐骨弓　10. 坐骨小切迹　11. 耻骨联合支（骨盆联合）
12. 坐骨棘　13. 髋结节（髂骨结节）　14. 臀肌面（髂骨翼）　15. 荐结节　16. 臀肌线
17. 坐骨大切迹　18. 耻骨髋臼支　19. 耻骨梳（嵴）　20. 髂骨嵴

（资料来源：哈斯苏荣，《双峰驼解剖图解》，2013）

（1）髂骨　髂骨由髂骨翼和髂骨体组成。髂骨翼朝向背外侧。髂骨嵴凸，粗糙，向前外侧斜。它向腹侧通至尖的髋结节。在背内侧，公驼的荐结节被一浅的背侧切迹分成结节状的髂背侧前棘和光滑的髂背侧后棘。母驼缺髂背侧后棘，荐结节为单个尖的凸起。臀肌面无可见的臀肌线，稍凹。荐盆面含有略呈三角形的耳状关节面。它在母驼呈线状。髂骨粗隆位于其背内侧。在耳状关节面前腹侧数厘米处，大约在髂肌面的中部，有一环形的高起区供肌肉终止。弓状线不显著。腰小肌结节小，细长。坐骨大切迹在公驼高度凹陷。它在母驼界线不清楚，因为翼的后缘形成荐结节与坐骨棘之间凹的曲线。坐骨棘在公驼稍向内侧倾斜，在母驼向外侧倾斜。其特征是在其外侧面有5条或6条突出的横棘。股直肌附着区是髂骨体前腹侧缘的一个卵圆形粗糙区（图1-31、图1-32）。

（2）坐骨　坐骨由坐骨体、坐骨板和坐骨支组成。坐骨体构成凸出的坐骨棘的一部分。坐骨棘后部高度增加，然后转向腹侧稍偏外侧形成坐骨小切迹的前缘。坐骨板向背外侧走向坐骨结节，坐骨结节细长，几乎呈水平位。沿坐骨板的腹侧面有一粗糙嵴供肌肉附着。

（3）耻骨　从外侧的髂骨和坐骨伸向内侧的耻骨联合。其后缘形成闭孔的前界。

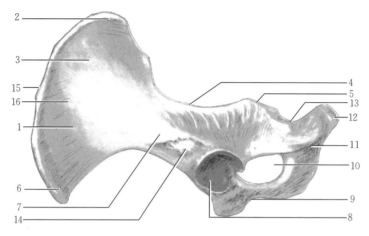

图 1-31 髋骨
1 髂骨 2. 荐结节 3. 臀肌线 4. 坐骨大切迹 5. 坐骨棘 6. 髋结节（髂骨结节）
7. 髂骨体 8. 髋臼 9. 耻骨髋臼支 10. 闭孔 11. 坐骨体 12. 坐骨结节
13. 坐骨小切迹 14. 肌窝 15. 髂骨嵴 16. 髂骨翼
（资料来源：哈斯苏荣，《双峰驼解剖图解》，2013）

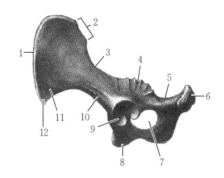

图 1-32 髋骨外侧面
1. 髂骨嵴 2. 荐结节 3. 坐骨大切迹 4. 坐骨棘 5. 坐骨小切迹 6. 坐骨结节
7. 闭孔 8. 耻骨腹侧结节 9. 月状面 10. 股直肌区 11. 臀肌线 12. 髋结节
（资料来源：雷治海，《骆驼解剖学》，2002）

耻骨分为耻骨体和 2 个耻骨支。耻骨体参与形成髋臼，髂耻隆起不显著，位于耻骨前缘，连接髂骨。耻骨支在内侧与联合骨愈合，形成骨盆联合的耻骨部。耻骨腹侧结节发达。

髋臼是髂骨、耻骨和坐骨共同围成的关节深凹，与股骨头成关节。尽管未成年动物的髋骨在髂骨与坐骨愈合线处显示有中断，但月状面不分开，髋臼切迹宽。髋臼距离髂骨嵴的距离是到坐骨结节的 2 倍。

（4）性别差异 由于生殖的需要，公、母驼的骨盆存在明显的性别差异。公驼的髂骨体较粗大；坐骨大、切迹深，显著；通常有一髂背侧后棘。母驼的髂骨纤弱，坐骨大、切迹浅，开放，通常仅有单个尖的荐结节。公驼的坐骨棘向内侧倾斜，而母驼的向外侧倾斜。公驼的棘间距平均为 125mm，而母驼为 160～170mm。公驼的骨盆联合厚而圆，母驼的则平坦。简而言之，母驼骨盆的垂直径和横径均较大，骨盆大而宽敞，便于胎儿娩出。

2. 股骨 股骨长，相对纤弱，包括一骨体和 2 个骨端；前面稍凸，远端相对粗大。近端有股骨头、股骨颈、大转子等结构。股骨头朝向背侧。股骨头凹是细长的切痕。大转子比股骨头稍低，未分开，但在前面有一水平的高起区，其外侧有一平坦表面供肌肉附着。转子窝深，卵圆形。小转子位于股骨体近端内侧，朝向后方。外侧面粗糙。缺连接小转子与大转子的嵴。缺第 3 转子。从后面观察时，在小转子平面远侧有一三角形区域，其两侧界是供肌肉附着的嵴，两嵴向远侧集中，在股骨体的中 1/3 形成单个嵴。因此，无典型的粗面，但它与人的粗面类似。股骨体上的滋养孔位于骨体中 1/3 处，或者在嵴上，或者在嵴的外侧。胭肌面的内侧缘比外侧缘锐、显著，并在其中部增厚。外侧髁上粗隆在其直下方有一轻微凹陷。两股骨髁稍成角度排列，其后面朝向后外侧。外侧上髁比内侧上髁大，且位置稍靠后方。髁间窝有 3 个凹陷供韧带附着。内侧上髁有一明显的凸起供韧带附着，而外侧上髁相对光滑。伸肌窝深，呈楔形，在其后方有一较浅的肌窝。股骨滑车朝向远侧稍偏内侧，外侧唇比内侧唇稍凸出。股骨有 5 个骨化中心，分别形成股骨头、大转子、小转子、骨体和远端（图 1-33）。

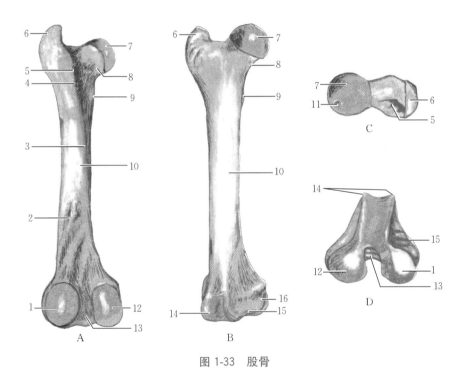

图 1-33　股骨
A. 股骨外侧面观　B. 股骨内侧面观　C. 股骨近端　D. 股骨远端
1. 外侧髁（股骨）　2. 跖侧肌粗隆　3. 外侧唇　4. 转子间嵴　5. 转子窝　6. 大转子　7. 股骨头
8. 股骨颈　9. 小转子　10. 股骨体　11. 头凹（头窝）　12. 内侧髁　13. 髁间窝
14. 股骨滑车　15. 伸肌窝　16. 胭肌窝
（资料来源：哈斯苏荣，《双峰驼解剖图解》，2013）

3. 膝盖骨 膝盖骨又称髌骨，细长，长约为宽的 2 倍。膝盖骨底钝，膝盖骨头朝向远侧，尖。前面粗糙，一弯曲的纵嵴将其分成相对光滑的内侧面和不光滑有浅沟的外侧面。膝盖骨的前腹侧面相当光滑，凸。关节面沿纵轴凹。在近侧，表面规则，仅稍凸；在远侧凸起显著，有一小的内侧区和一较大的外侧区。内侧区与内侧面上细长、稍凹的关节面相延续。

4. 小腿骨 包括胫骨和腓骨。

（1）胫骨 比股骨稍短，近端呈三角形，向远端处逐渐变细，远侧端前后向平坦。外侧髁的关节面略呈斜方形。其狭窄缘终止于髁间外侧结节表面。内侧髁较大，更圆，延续至髁间内侧结节表面。髁间内侧结节比髁间外侧结节高。后髁间区界线清楚，在中央有一凹陷靠近外侧结节，在前外侧有一浅凹供韧带附着（图1-34）。

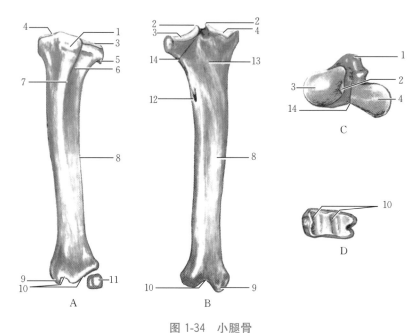

图 1-34 小腿骨

A. 小腿骨侧面观 B. 小腿骨后面观 C. 小腿骨近端 D. 小腿骨远端

1. 胫骨粗隆 2. 髁间隆起 3. 外侧髁 4. 内侧髁 5. 腓骨头 6. 肌沟 7. 胫骨嵴 8. 胫骨体
9. 外侧踝 10. 胫骨蜗（胫骨滑车） 11. 踝骨 12. 滋养孔 13. 腘肌线 14. 腘肌切迹

（资料来源：哈斯苏荣，《双峰驼解剖图解》，2013）

（2）腓骨 腓骨近侧部为外侧髁上一钝的粗隆。伸肌沟显著，胫骨粗隆很发达，其近侧面缩进，形成短的胫骨粗隆沟。在后者远侧出现一浅的横凹。胫骨粗隆的其余表面不规则，朝向前背侧。前缘短，向远侧倾斜，在胫骨近侧 1/4 处胫骨体相汇。在近侧后面有 1 条或 3 条斜的腘肌线。骨体的滋养孔位于这些腘肌线的外侧。单个清楚的腘肌线沿后内侧面向远侧走向内侧踝。在胫骨蜗近侧不远处，在背侧面有一界线清楚的粗糙区供肌肉附着。胫骨蜗由 2 个矢状沟组成，两沟被一低嵴分开。内侧沟比外侧沟深。有 2 个小面位于外侧沟的外侧，并借一嵴与外侧沟分开，它们与独立的外侧踝成关节，这两个小面在外侧被踝沟分开。外侧踝即外侧踝骨，是腓骨的远侧部，其特征是有尖的近侧突。有 2 个近侧关节小面与胫骨成关节。尖突的内侧面深入跟骨沟。内侧面的关节面与距骨近侧滑车外侧面成关节，而鞍状的远侧关节连接跟骨。在外侧有一纵沟，朝向远侧前方。

5. 跗骨 跗骨有6块，分成3列，近列是距骨和跟骨，中列是中央跗骨，远列是第1~4跗骨，其中第2和第3跗骨愈合。

（1）距骨 近侧滑车唇呈矢状排列，外侧唇比内侧唇高。它们在近侧与胫骨窝、在外侧与踝骨成关节。远侧滑车被一低的矢状嵴分成较大的内侧面和较小的外侧区，内侧面与中央跗骨成关节，外侧区与第4跗骨的内侧关节小面成关节。跟骨与距骨跖侧和外侧面上凸而斜的跟骨关节面成关节。距骨的两侧均有供韧带附着的凹陷。

（2）跟骨 跟结节背侧呈结节状，不光滑，跖侧平坦，一粗糙面从该处向远侧延续。距突上有一肌沟。喙突短而宽，距骨关节面由背侧的鞍状面和底内侧面的两个小面组成，在骨体底近侧和背侧的踝骨关节面由大的凸区组成，近侧面有一较小的凹陷。在远侧，跟骨与第4跗骨的外侧关节面成关节。

（3）中央跗骨 又称舟骨。与其他反刍家畜不同，中央跗骨不与第4跗骨愈合。其近侧高度凹陷，与距骨远侧滑车的内侧部成关节。在外侧和远侧有3个小面与第4跗骨成关节。

（4）第1跗骨 又称内侧楔形骨，是最小的跗骨。在近侧，在外侧与第2和第3跗骨成关节；在远侧，与第3跖骨成关节。在其远距内侧面有一圆形凸起。

（5）第2和第3跗骨 又称中间外侧楔形骨，背侧凸，跖侧细长。在跖侧与第4跗骨成关节。与第4跗骨成关节的第2个小面在外侧面更靠背侧。在近侧，有一大区与中央跗骨成关节，在内侧有一小的小面与第1跗骨成关节。平坦的远侧关节面与第3跖骨成关节。

（6）第4跗骨 第4跗骨又称骰骨，近侧关节端的凹面与距骨成关节。外侧区与跟骨成关节。跖侧面上2个小的平坦表面与中央跗骨成关节。朝向远内侧的2个小面与第2和第3跗骨成关节。远侧关节面由一大的肾形区和一小的跖侧小面组成，与第4跖骨近侧关节面成关节。

6. 跖骨 骆驼的跖骨只有2枚，即第3和第4跖骨，除远侧外，第3和第4跖骨愈合，它们在远侧分开，各自形成独立的关节面，分别与第3和第4趾成关节。跖骨与掌骨长度相等，但跖骨骨体更纤弱，直径为正方形，远侧端及其关节面较小。骨体的外侧面在近侧稍凹，其跖侧缘凸，粗糙。跖侧面凹，每侧有一粗糙缘形成侧界。跖侧面在骨体中部上方有2个滋养孔。跖近管口小。第3跖骨背侧面的跖骨粗隆是一细长的高起区。此外，在第4跖骨外面同一水平上有一卵圆形粗糙区。跖骨关节面的特征是在跖侧有一尖突。它在其跖外侧面与第4跗骨成关节。位于尖突内侧的卵圆形小关节面与第2跗骨成关节。与跗骨成关节的主要小面是2个豆形区，外侧区最大，与第4跗骨成关节。内侧面与第3跗骨成关节。背侧纵沟在成年驼仅隐约可见，但在幼年驼为一清楚的沟线（图1-35）。

（四）后肢骨的关节

后肢与躯干之间形成关节（荐髂关节），因此后肢骨的连接包括盆带连结和游离部关节。盆带连结包括荐髂关节、骨盆韧带和骨盆联合。游离部关节包括髋关节、膝关

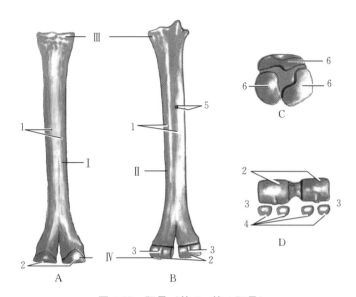

图 1-35 跖骨（第 3、第 4 跖骨）

A. 跖骨前面观　B. 跖骨后面观　C. 跖骨近端　D. 跖骨远端

Ⅰ. 背侧面　Ⅱ. 跖侧面　Ⅲ. 近端　Ⅳ. 远端

1. 大跖骨（第 3、第 4 跖骨）　2. 跖骨双滑车关节面　3. 滑车嵴　4. 近籽骨　5. 滋养孔　6. 关节面

（资料来源：哈斯苏荣，《双峰驼解剖图解》，2013）

节、跗关节和趾关节。后肢游离部各关节与前肢各关节相对应，除趾关节外，各关节角的方向相反；除髋关节外，各关节均有侧副韧带，为单轴关节。

1. 髋关节　髋关节由股骨头和髋臼组成。纤维软骨性的髋臼唇使髋臼关节窝加深和关节面扩大，髋臼唇与桥连髋臼切迹的髋臼横韧带相连续。关节囊宽大，附着于髋臼唇和股骨颈。股骨头韧带将股骨头固定在相应位置上。它起始于股骨头凹，以大的前支和较小的后支附着于髋臼窝，还附着于附近的关节（图 1-36）。

2. 膝关节　膝关节（图 1-37、图 1-38）由股骨、胫骨和膝盖骨构成，包括股胫关节和股膝关节。关节囊包围股骨、胫骨和膝盖骨的关节面，不分开，但出现不同的隐窝：近侧前隐窝位于股四头肌的下面，在股骨滑车上方延伸 60mm；远侧隐窝位于胫骨前肌与第 3 腓骨肌和趾长伸肌总起始腱之间；后外侧隐窝位于腘肌腱下方。有内侧和外侧半月板。

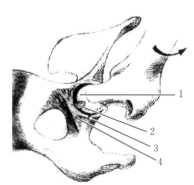

图 1-36　左侧髋关节韧带（后腹侧面）

1. 股骨头　2. 股骨头韧带
3. 髋臼唇　4. 髋臼横韧带

（资料来源：雷治海，《骆驼解剖学》，2002）

半月板韧带：外侧半月板在股骨后面的强力附着称半月板股骨韧带。外侧半月板在前方附着于前髁间区。内侧半月板附着于后髁间区，也附着于后交叉韧带上方的外侧半月板；在前方附着于前交叉韧带起点内侧胫骨的髁间区；在内侧侧副韧带近侧和前方还附着于内侧上髁。

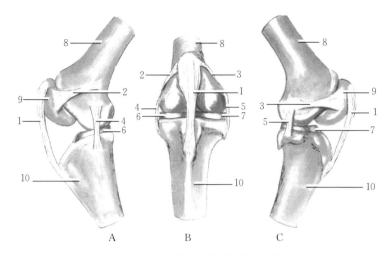

图 1-37　膝关节（髌关节）韧带

A. 膝关节侧面观　B. 膝关节前面观　C. 膝关节内侧面观

1. 髌直韧带　2. 股髌内侧副韧带　3. 股髌外侧副韧带　4. 股胫内侧副韧带　5. 股胫外侧副韧带

6. 内侧半月板　7. 外侧半月板　8. 股骨　9. 髌骨（膝盖骨）　10. 胫骨

（资料来源：哈斯苏荣，《双峰驼解剖图解》，2013）

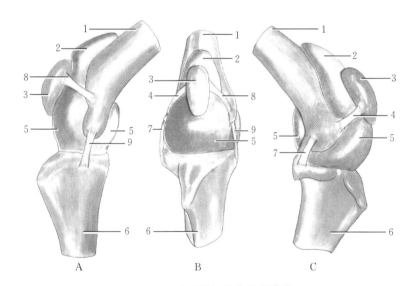

图 1-38　膝（髌）关节的滑膜囊

A. 滑膜囊外侧面观　B. 滑膜囊前面观　C. 滑膜囊内侧面观

1. 股骨　2. 股髌关节滑膜囊　3. 髌骨（膝盖骨）　4. 股髌外侧韧带

5. 股胫关节滑膜囊　6. 胫骨　7. 股胫外侧副韧带　8. 股髌内侧韧带　9. 股胫内侧副韧带

（资料来源：哈斯苏荣，《双峰驼解剖图解》，2013）

股胫关节韧带：缺外侧侧副韧带。内侧侧副韧带从股骨内侧上髁上的凹窝及其附近的隆起伸至胫骨近端内侧面。交叉韧带相对很发达。前交叉韧带起始于胫骨的前间区，止于股骨外侧髁间面。后交叉韧带起始于胫骨的后髁间区。其主要止点在股骨内侧髁间区的前面，而较纤弱的一支附着于其股膝关节韧带：膝支持韧带是筋膜的增厚部分，将膝盖骨固定于股骨，与膝韧带一起讨论。膝外侧支持韧带由股骨外侧上髁与膝盖骨远侧面之间比较发达的股膝外侧韧带组成；与膝盖骨和胫骨粗隆外侧面上的臀股二头肌强大的止点相联系。膝内侧支持韧带由内侧上髁与膝盖骨之间带状的股膝内侧韧带组成，在膝盖骨上位于股中间肌强大的止点腱下方。此外，来自股内侧筋膜的一纤维带部分附着于内侧上髁，并斜向走向前远侧附着于胫骨粗隆。作为膝中间韧带的膝韧带是膝盖骨唯一界线清楚的韧带，代表股四头肌的止点。它起始于膝盖骨的前远侧面，以强而宽的纤维带走向远侧附着于胫骨粗隆。脂肪组织其与关节囊隔开。也有人描述过骆驼的膝外侧韧带。它是附着于外侧面、与外侧支持韧带愈合以及附着于胫骨粗隆外侧面的纤维。

3. 跗关节 跗关节又称飞节，由小腿骨远端、跗骨和跖骨近端的关节面构成，包括跗小腿关节、跗间关节（距跟舟关节和楔舟关节）和跗跖关节（图 1-39）。跗关节有 4 个关节囊。近侧关节囊最宽，形成背侧和跖侧隐窝。两近侧关节囊相通。侧副韧带界线清楚，由长部和短部组成。内侧侧副长韧带起始于胫骨内侧髁，附着于内侧跗骨，止于距骨近端内侧。内侧侧副短韧带分为胫距部和胫跟部。一强大的宽韧带位于长韧带背侧，将距骨连至跖骨。它部分地覆盖第 3 腓骨肌止点。外侧侧副长韧带起始于踝骨，附着于外侧跗骨，止于跖骨近端。短部由胫骨与跟骨之间的连接及跟骨底与距骨之间的强韧带组成。它位于长部的后方，并与其愈合。

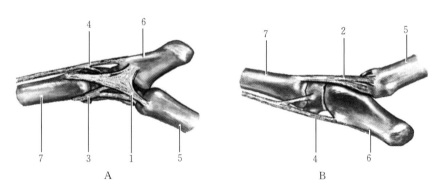

图 1-39　跗关节韧带
A. 跗关节内侧面观　B. 跗关节外侧面观
1. 内侧侧副长韧带　2. 外侧侧副长韧带　3. 跖侧长韧带　4. 跖侧短韧带　6. 跟骨　7. 距骨
（资料来源：哈斯苏荣，《双峰驼解剖图解》，2013）

背侧韧带：①强大的斜韧带起始胫远端背侧面外侧半，与侧副韧带一起附着于跟骨。②一斜韧带从距骨走向第 4 跗骨和跟骨。③短的横韧带连接距骨与跟骨和与第 4 跗骨愈合的第 2 和第 3 跗骨。

跖侧韧带：发达的跖侧长韧带由外侧支和内侧支组成。外侧支起始于跟结节，黏附于跟骨的跖侧面，止于距骨和第 4 跗骨。它在远侧与骨间中肌相延续。内侧支长，也起始于跟结节，位于外侧支的跖侧面。跖侧长韧带部分地包围趾浅屈肌腱，展平构成一筋膜层，附着于跖骨的跖内侧和外侧嵴，向下将屈肌腱包裹。趾深屈肌腱在内、外侧支之间走行，到达骨间中肌跖侧面。跖侧短韧带连接跟骨与距骨和距骨与第 4 跗骨。

4. 趾关节 系关节、冠关节和蹄关节及其韧带与前肢的相似。

第二节 肌 肉

　　肌肉是运动系统的主动器官，在神经系统的支配下，能够进行收缩活动，为运动提供动力。肌肉由肌组织构成，根据其形态结构、生理机能和分布分为3类：横纹肌、心肌和平滑肌。属于运动系统的肌肉为横纹肌，因其附着于骨骼，又称骨骼肌。

　　骆驼肌系的特点是一些肌肉退化或缺失，前肢肌系发达，后肢肌系较弱，在推进躯体向前运动方面似乎不起重要作用。位于四肢关节屈面的弹性结缔组织强力支持肌系。颈特别灵活，但由于颈的长肌缩小或缺失（图1-40），显得细弱。皮肌仅限于头部

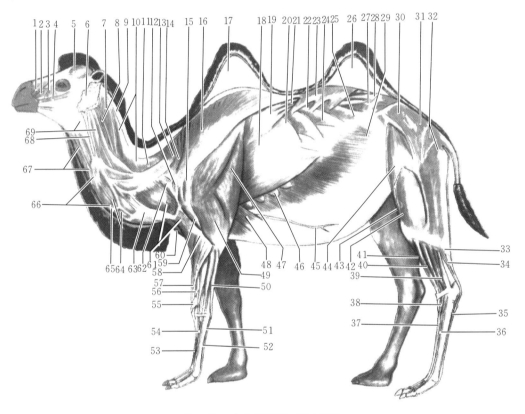

图1-40　全身浅层肌（左侧面）

　　1. 鼻唇提肌　2. 上唇固有提肌、犬齿肌和上唇降肌　3. 颧骨肌（颊提肌）　4. 颧肌　5. 颞肌　6. 腮腺　7. 头长肌
　　8. 寰最长肌　9. 项韧带　10. 头半棘肌　11. 颈腹侧肌　12. 胸深前肌　13. 背最长肌　14. 冈上肌　15. 三角肌
　　16. 斜方肌　17. 前峰脂肪　18. 背阔肌　19. 髂肋肌　20. 第10肋骨　21. 背最长肌　22. 第12肋骨
　　23. 后背侧锯肌　24. 肋间内肌　25. 其硬膜后部的游离部　26. 后峰脂肪　27. 腹内斜肌　28. 其腹侧后部
　　29. 腹外斜肌　30. 臀中肌　31. 臀浅肌　32. 臀股二头肌　33. 腓肠肌　34. 趾浅屈肌　35. 趾深屈肌
　　36. 第4趾固有伸肌（趾外侧伸肌）　37. 第3趾固有伸肌（趾内侧伸肌）　38. 趾长伸肌　39. 腓骨长肌
　　40. 腓骨第三肌　41. 胫骨前肌　42. 股四头肌外侧头　43. 阔筋膜张肌筋膜　44. 阔筋膜张肌　45. 胸外静脉
　　46. 胸腹侧锯肌　47. 臂三头肌长头　48. 胸深后肌　49. 臂三头肌外侧头　50. 腕尺侧屈肌　51. 指深屈肌
　　52. 指浅屈肌　53. 第4指固有伸肌（指外侧伸肌）　54. 指总伸肌　55. 拇长外展肌（腕斜伸肌）
　　56. 第3、第4指固有伸肌　57. 腕桡侧伸肌　58. 臂肌　59. 肩胛舌骨肌　60. 臂肌　61. 胸浅肌　62. 肩胛横突肌
　　63. 颈最长肌　64. 横突间肌　65. 横突　66. 胸头肌　67. 胸骨甲状舌骨肌　68. 颈静脉　69. 肩胛舌骨肌

（资料来源：哈斯苏荣，《双峰驼解剖图解》，2013）

和包皮，残存的肌束也见于三头肌区。总体来说，骆驼的肌系表明它可节约和储存能量。

一、前肢肌

前肢肌肉可分为：肩带肌、肩部肌、臂部肌、前臂和前脚部肌几部分（图1-41、图1-42）。

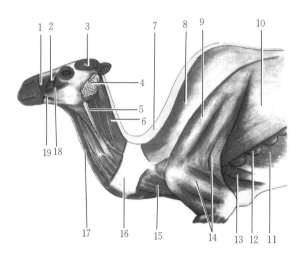

图 1-41　胸壁肌（左侧面）

1. 鼻唇提肌　2. 犬齿肌　3. 颧肌　4. 腮腺　5. 头乳头肌　6. 头半棘肌　7. 项韧带
8. 颈斜方肌　9. 三角肌　10. 背阔肌　11. 腹外斜肌　12. 腹侧锯肌　13. 胸深后肌
14. 臂三头肌　15. 臂头肌　16. 夹肌　17. 头长肌　18. 颧肌　19. 下唇降肌

（资料来源：哈斯苏荣，《双峰驼解剖图解》，2013）

（一）肩带肌

1. 背侧组

（1）斜方肌　扁平，位于肩胛间区和肩胛冈前背侧皮下，以腱膜起始于第6颈椎至第9胸椎之间的项韧带和椎骨棘突上方的背中线，肌纤维向下汇聚，以腱膜止于肩胛冈。斜方肌分为颈、胸两部。颈斜方肌的腹侧部位于锁颈肌内侧，起始于颈筋膜，在肩峰远端止于肩部筋膜，这一部分可能是残存的肩胛横突肌。在起点处，第7颈神经的背侧支进入其深面，并沿肌质部的中部走行，支配颈、胸两部分。胸斜方肌的后部覆盖一部分背阔肌，并以一腱止于肩胛冈背侧1/3处。

（2）菱形肌　分颈菱形肌和胸菱形肌。颈菱形肌仅由单个肌束组成，起始于颈背侧中线的筋膜，止于肩胛软骨内侧面的前2/3，在腹侧与颈腹侧锯肌融合。胸菱形肌发达，由两部分组成。浅部呈扇形，位于背阔肌和胸斜方肌腱膜的深面，起始于第3～6胸椎上方的棘上韧带，止于肩胛软骨后部的外侧面。深部起始于前两个胸椎上方的项韧带，小的腹侧部分附着于上肌腹侧的筋膜，止于腹侧锯肌正上方的肩胛软骨内侧面，并与腹侧锯肌融合。

（3）背阔肌　呈扇形，以腱膜起始于胸腰筋膜，向前可达第 5 胸椎棘突，在第 9 肋间隙变为肌质，并向下汇聚止于肱骨的大圆肌粗隆。背阔肌腹侧缘比背侧缘薄，其前背侧部位于肩胛骨后角外侧，并被斜方肌所覆盖；该肌有一部分位于冈下肌表面；其腱膜覆盖胸菱形肌浅层，背阔肌下部与覆盖臂三头肌的筋膜融合，并与大圆肌共同止于大圆肌粗隆。

（4）臂头肌　退化，分 3 部分。锁臂肌最发达，在肩关节前方从锁骨腱划伸至臂骨前外侧面，最远可达鹰嘴平面，止于肱骨嵴。其深面有臂二头肌，后背侧为三角肌的肩峰部。

锁乳突肌和锁颈肌大大退化，前者位于腹侧，后者位于背侧，其背侧缘与斜方肌相接；两肌呈扇形从锁骨腱划伸向前方和前背侧，在颈后 1/4 变为腱膜；锁乳突肌的腱膜附着于头骨的乳突部和颈椎横突的背侧结节，锁颈肌附着于背侧的项韧带。

（5）肩胛横突肌　不作为一块单独的肌肉存在。颈斜方肌的腹侧部可能就是残存的肩胛横突肌。

2. 腹侧组

（1）胸肌　分为胸浅肌和胸深肌。前者包括胸降肌和胸横肌，后者包括胸升肌和锁骨下肌。

① 胸降肌　与胸横肌愈合，起于胸骨柄，肌纤维朝向腹外侧，与锁骨臂肌内侧缘部分愈合，恰在肘关节上方止于臂骨前面的筋膜；在后面与胸横肌相连接。

② 胸横肌　连接前肢与胸廓腹侧面，起始于第 2～5 胸骨节，在腹中线与对侧肌相接，其最后部薄，位于胸升肌上面，止于肘部内侧面及前臂远端一三角区的筋膜。

③ 胸升肌　起始于第 3～6 胸骨节和第 3～8 肋软骨，位于胸廓腹外侧，肌纤维向前背侧走向上臂内侧面，以下列方式终止：与喙臂肌共同以一腱止于乌喙突；以腱膜和肌质止于肱骨小结节；以腱膜在二头肌起点上方止于肱骨大结节前部。

④ 锁骨下肌　小，圆柱形，呈扇形起始于肩关节前背侧冈上肌表面的筋膜，于胸升肌内侧面走向腹侧，止于第 1 肋远端的外侧面。

（2）腹侧锯肌　分颈、胸两部，汇聚止于肩胛骨的锯肌面和肩胛软骨的后部。

① 颈腹侧锯肌　有 3 个或 4 个肌束，通过附着于背侧结节的腱带起始于最后 4 个或 5 个颈椎，通过附着于背侧结节的腱带起始于最后 4 个或 5 个颈椎，起始于第 3 颈椎表面筋膜的肌束退化。在前锯肌面的止点为肌质，在背侧与菱形肌的止点融合。

② 胸腹侧锯肌　比颈腹侧锯肌大而富含腱质，起于前 9 个肋骨的外侧面，腹侧缘呈锯齿状，前方为胸直肌，后腹侧为腹外斜肌。以部分肌质、部分腱质附着于肩胛软骨两侧的后面，以完全的腱质止于锯肌面的后部。

（二）肩部肌

1. 外侧组

（1）三角肌　分为肩胛部和肩峰部。肩胛部以腱膜起始于肩胛冈、冈下窝的椎骨缘和冈下肌表面，在冈下肌的后缘变成肌质。此肌部分覆盖臂三头肌长头和外侧头的起点，一些肌纤维附着于覆盖外侧头的筋膜，而位于其深面的强大筋膜带止于三角肌粗隆及其近侧的区域。肩峰部起始于肩峰，与肩胛部共同止于三角肌粗隆。

（2）冈下肌　位于肩胛骨的冈下窝及毗邻的肩胛软骨的一小区，以扁平的强腱止于肱骨大结节的后部，止点腱无腱下滑膜囊，位于肩关节囊的外侧面。冈下肌与小圆肌紧密相连，共同形成一功能单位。其作用是稳定肩关节，与小圆肌共同作用可屈肩关节。

（3）小圆肌　与冈下肌融合，共同起始于冈下窝和肩胛骨后缘（腋缘）中 1/3，其起始处的腱膜与冈下肌深面融合，其肌腹在冈下肌后远侧部伸出表面，以一扁腱越过关节囊后止于小圆肌结节。

（4）冈上肌　发达，位于冈上窝，并凸出于肩胛骨前方，止于肱骨大、小结节的前部，这样就形成覆盖臂二头肌起点的一个桥梁。冈上肌分为外侧部和前部。外侧部起始于冈上窝和肩峰附近冈下窝的毗邻区，止于大结节的前部。前部起始于肩胛骨的前缘，并在此处与外侧部融合，止于小结节的前部。

2. 内侧肌

（1）大圆肌　起始于肩胛骨后缘近侧半，与背阔肌共同止于肱骨的大圆肌结节。

（2）肩胛下肌　为富含腱质的复羽状肌，起始于肩胛骨的肩胛下窝，以一宽大的扁腱止于肱骨的小结节，并被喙臂肌的起始腱所覆盖。肩胛下肌起肩关节内侧侧副韧带的作用。

（3）喙臂肌　起始于肩胛骨的乌喙突，起点被冈上肌所覆盖，起始部形成宽大的扁平腱，前面为肌纤维，在小结节上的止点覆盖肩胛下肌，此处有滑膜囊。富含肌质的前部与较长的后部分开，在大圆肌结节近侧止于肱骨前面。

（4）肩关节肌　小，富含肌质，附着于关节囊后内侧面，起始于关节盂的边缘，在臂三头肌长头起始部的近内侧，止于肱骨颈的后外侧面，止点被三头肌的内侧头所覆盖。

（三）臂部肌

臂部肌也称肘关节肌（图 1-42、图 1-43），富含腱质，位于肱骨周围，止于桡骨近端，包括臂三头肌、臂二头肌、臂肌和肘肌，缺前臂筋膜张肌。臂部肌主要起伸或屈肘关节的作用。

1. 伸肌组

（1）臂三头肌　很发达，分3部分。长头起始部宽，从肩胛骨的后缘伸至关节盂边缘，以一强腱止于鹰嘴的后背侧面。外侧头起始于肱骨的三头肌线，止于鹰嘴的后外侧面，部分覆盖肘肌的止点。内侧头是3个头中最小的1个，以肌质起始于肱骨后内侧面。内侧头在近端覆盖肩关节肌止点，在后方位于臂肌和肘肌之间，在前方位于喙臂肌、大圆肌和背阔肌止点之间，止于鹰嘴背外侧面，止点下无滑膜囊。臂三头肌为肩关节强大的屈肌和肘关节强大的伸肌。

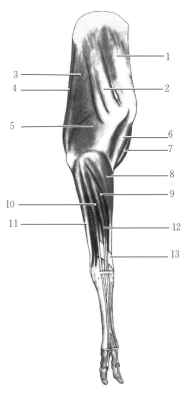
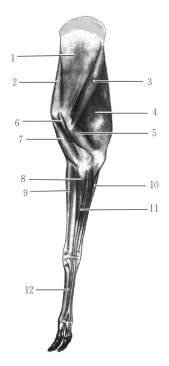

图 1-42　前肢肌（外侧观）

1. 冈上肌　2. 三角肌　3. 臂三头肌长头
4. 前臂筋膜张肌　5. 臂三头肌外侧头　6. 臂二头肌
7. 臂肌　8. 腕桡侧伸肌　9. 指内侧伸肌（第3指固有伸肌）
10. 指外侧伸肌（第4指固有伸肌）　11. 腕尺侧伸肌
12. 指总伸肌　13. 拇长外展肌（腕斜伸肌）

（资料来源：哈斯苏荣，《双峰驼解剖图解》，2013）

图 1-43　前肢肌（内侧观）

1. 肩胛下肌　2. 冈上肌　3. 大圆肌
4. 臂三头肌长头　5. 臂三头肌内侧头　6. 喙臂肌
7. 臂二头肌　8. 指深屈肌（臂骨头、尺骨头、桡骨头）
9. 腕桡侧屈肌　10. 腕尺侧屈肌
11. 指浅屈肌　12. 骨间肌

（资料来源：哈斯苏荣，《双峰驼解剖图解》，2013）

（2）肘肌　易与臂三头肌分开，起始于肱骨后相当广泛的区域，向远侧可达鹰嘴窝，止于鹰嘴的前背侧面，并被臂三头肌长头和外侧头的止点所覆盖。

2. 屈肌组

（1）臂肌　为肘关节的屈肌。扁平，富含肌质，位于臂肌沟内，起始于形成臂肌沟上半部前缘、近侧缘和后缘的弧线，桡神经的深支将臂肌与肘肌分开，而形成锁臂肌止点的强大筋膜板沿外侧缘将其与臂二头肌分开。在肘部，臂肌位于浅表且变圆，而其深部的腱层则展开止于桡骨粗隆远内侧的粗糙区。此肌部分覆盖臂二头肌的止点。

（2）臂二头肌　由明显分开的两部分组成，共同起始于盂上结节，总起始腱全部为腱质，在其经过结节间沟时有一滑膜囊（结节间囊）。在结节间沟的近下方，此肌分为两部分，即纺锤形的内侧肌腹和多腱质的前外侧部分，其远侧半变成一圆形腱，一纤维带从其前方的筋膜外被分出，止于腕桡侧伸肌，不很发达。在肱骨髁平面，一强大的腱支与外侧头分开，在内侧头的腱下面走向内侧，其止点呈扇形，附着于内侧副韧带、肱骨髁和桡骨粗隆。外侧头呈扁形，止于桡骨粗隆前外侧面的远侧部，并覆盖上述止点。内侧头附着于前方止点的下面，并呈扇形向桡骨粗隆的外侧和内侧展开。以这种方式形成有效的附着点，使该肌成为肘关节强大的屈肌。

（四）前臂和前脚部肌

前臂和前脚部肌按部位分为背外侧组和掌侧肌群，起始于肱骨远端或前臂骨近端，一部分止于腕骨或掌骨近端，为腕关节肌；另一部分止于指骨，为作用于指关节的肌肉。拇（第 1 指）长展肌退化。这些肌肉可伸或屈腕关节。

1. 背外侧组

（1）腕桡侧伸肌　是腕关节中最强大的一块，起始于肱骨的外侧上嵴及其毗邻区，向前下方可达桡窝上方的嵴。该肌位于前臂部的最前方，其腱位于桡骨远端内侧的宽沟内，以一扁腱止于掌骨近端背侧面的粗隆。其止腱在越过腕间关节和远列腕骨处有一滑膜囊，在腕部有一滑膜鞘，从腕上方 7～8cm 处向下伸达腕间关节平面。

（2）指总伸肌　起始于肱骨外侧上髁和桡窝，位于关节囊上面，腕桡侧伸肌在外侧和前方覆盖其起点，在前臂下半部变为腱质处，其双重结构很明显。两条腱包裹在同一滑膜鞘内，该腱鞘从腕上方数厘米处向下伸达掌近端。伸肌支持带将腱固定在桡骨的前外侧的沟内。内侧腱内比外侧腱纤细，成为第 3 指固有伸肌，越过掌指关节走向远内侧，在此处与关节囊融合。其腱有一部分止于近指节骨近端背侧面，而其远轴侧部继续向下止于近指节骨的远端和中指节骨的近端。

指总伸肌腱主干在掌指关节处分为两支，并被来自指间区的弹性纤维所固定。每一支均分出闪光的远轴侧细腱，在系部包有滑膜鞘；细腱向下止于每一指中指节骨远端远轴侧面，指总伸肌的作用为伸腕关节和指关节。

（3）指外侧伸肌　较发达，起始于肱骨外侧上髁、肘关节外侧侧副韧带及桡骨和尺骨的外侧面。其腱越过外侧茎突，在腕部包有滑膜鞘，在掌近端，有肌纤维附着于指总伸肌腱外侧缘，在远端它偏向外远侧，与指内侧伸肌一样，止于中指节骨近端背侧面。作用为伸指关节，在一定程度上还可伸腕关节。

（4）拇长展肌　又称腕斜伸肌，小，不很重要，起始于桡骨的远外侧面，其细腱有滑膜鞘包裹，斜向越过腕骨和腕桡侧伸肌腱而止于掌骨内侧面，部分包埋在腕关节内侧侧副韧带内。

2. 掌侧肌群

（1）腕尺侧伸肌　也称尺外侧肌。从侧面看，该肌形成前臂的后缘。起始于外侧上髁的后面，在前臂中部几乎完全变成腱质，止于副腕骨、腕关节外侧侧副韧带和掌的后外侧面，一强大的腱带越过副腕骨走向远端，在骨间肌起点附近并入骨间肌。止点和副腕骨韧带融合。

（2）腕桡侧屈肌　细而呈纺锤形，位于桡骨的后方指深屈肌桡骨头的后方，在肘关节内侧侧副韧带的近后方起始于肱骨内侧髁，在前臂远端 1/4 处变成腱质，其腱包括滑膜鞘，在掌骨近端掌侧面。作用为伸肘关节和腕关节。

（3）腕尺侧屈肌　有两个头，肱骨头强大，起始于肱骨内侧上髁，尺骨头弱，起始于鹰嘴内侧面。该肌有两个明显不同的肌腹，尺骨头在前臂中部变为腱质，发出一支肱骨头后，止于副腕骨掌内面。肱骨头与指深屈肌肱骨头共同起始，比尺骨头强大，肌腹呈纺锤形，部分为腱质，在副腕骨平面接受来自尺骨头的腱带。其腱分为二支，一支止于腕关节内侧侧副韧带，并与它同止于掌骨内侧面；另一支止于副腕骨的远内侧面。该肌为腕关节强有力的屈肌，此外还可伸肘关节。

（4）指深屈肌　在前臂部，指深屈肌有3个头，其腱合成指深屈肌腱，最后止于远指节骨。肱骨头位于腕尺侧屈肌深面，与后者共同起始于肱骨内侧上髁，其起点下面有一宽大的关节囊滑膜隐窝。肱骨头分为大、小两个腹，在副腕骨上方变为腱质，两条腱以顺时针方向互相环绕，继而绕过尺骨头腱后并入桡骨头腱，形成指深屈肌腱。

桡骨头以肌质起始于桡骨近侧半的后内侧面，在腕部变成腱质，在前臂部，借正中神经及其伴行血管与腕桡侧屈肌分开，其内侧缘扁平，附着有强大的前臂筋膜。

尺骨头也以肌质起始于尺骨后面，其腱呈螺旋状绕过肱骨头后并入桡骨头腱。指深屈肌腱总腱通过腕管时被一屈肌支持带所固定，并包有滑膜鞘，滑膜鞘向下可达掌近侧1/3的末端。在掌部，指深屈肌腱位于骨间中肌和指浅屈肌腱之间，在掌远侧1/4处分为两支，每一支越过籽骨掌侧韧带，穿过指浅屈肌腱分叉，经过中纤维软骨板和远指间关节，在此处扩大，并被纤维软骨所加强。当它通过中指节骨掌侧面时，腱缘变扁平，以筋膜附着于中指节骨两侧，最后止于第3指节骨的屈肌面。

指滑膜鞘包裹系部的屈肌腱，向下可达中指节骨的远端。在其止点处腱下有一宽大的滑膜鞘，另一滑膜鞘位于腱与舟状软骨之间。

指垫为成对的圆形结构，位于两远指节骨的下面，每一指垫由柔软的脂肪组织外包结缔组织而成。上述结构由一层厚的弹性结缔组织所支持，后者由蹄底支撑。

（5）指浅屈肌　肌质的近侧部缺失。其腱在骨间中肌起始部两侧起始于副腕骨和掌骨，外侧起点比内侧起点强厚。扁腱位于指深屈肌腱掌侧面。在腕关节屈面有一发达的弹性结缔组织层，于腕关节下方止于该腱的掌侧面。指浅屈肌腱在掌中部下方分为两支，每一支在系部与指深屈肌的腱支伴行，以中纤维软骨板止于中指节骨近端掌侧面。指浅屈肌腱在指部包有腱鞘，与指深屈肌腱包裹在同一滑膜鞘内，腱鞘从系关节上方延伸至其止点处。在膝关节上方掌侧面，有一宽大的滑膜囊，与指鞘相交通。

（6）骨间中肌　完全为腱质，起始于远列腕骨的掌侧面及邻近掌骨近端掌侧面，副腕骨的远侧韧带部分与其相连。外侧缘比内侧缘强厚。骨间中肌在掌远侧1/4分叉止于近籽骨，缺至指伸肌腱的分支，在其他家畜则有分支与指伸肌腱相连。

二、躯干的主要肌肉

（一）头的回旋肌

1. 头长肌　在颈前部位于颈长肌两侧，肌束起始于第2～4颈椎横突的前腹外侧面和寰椎翼的后腹侧面，与头腹侧直肌一起止于颅骨蝶—枕缝后方的粗糙区。

2. 头腹侧直肌　短，多肌质，起始于寰椎腹侧弓，在头长肌上方前行，与头长肌一起止于枕骨底部。

3. 头外侧直肌 短，强健，在头侧直肌外侧起始于寰椎窝，止于髁旁突后面。

4. 头背侧大直肌 发达，从枢椎棘突走向项嵴，借一扁腱止于此处。在内侧与对侧同名肌相接。

5. 头背侧小直肌 短而宽，较强大，起始于寰椎背侧面大部分，在前肌下方附着于枕骨。

6. 头前斜肌 为扁平的四边形肌，起自寰椎翼缘、翼的后腹侧面和头后斜肌表面，肌纤维走向前背侧，止于项嵴、乳突和旁突基部。

7. 头后斜肌 强健，多肌质，向前外侧行于枢椎棘突与枕骨之间，在短的背侧直肌外侧附着于寰椎翼。

(二) 颈、胸、腰部脊柱肌

1. 髂肋肌 分为腰部和胸部，缺颈部。腰部完全与位于内侧的最长肌愈合，借一多肌质的附着部起始于髂嵴中部，止于第2～7腰椎横突尖背侧面。胸部的特征是有发亮的腱质止点。以腱质起始于第1～2腰椎横突尖前背侧面和最后肋角前缘。止于前8个肋的后缘，止点交错，最前方的肌束附着于第1肋结节后面（图1-44）。

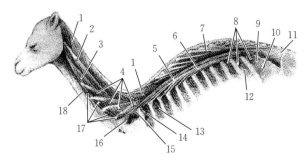

图 1-44 轴上肌

1. 头半棘肌　2. 头最长肌　3. 寰最长肌　4. 颈最长肌　5. 胸最长肌　6. 胸髂肋肌
7. 胸颈棘肌半棘肌　8. 后背侧锯肌断端　9. 肋退肌　10. 腹内斜肌
11. 愈合的髂肋肌和腰最长肌　12. 肋间内肌　13. 肋间外肌　14. 与腹侧锯肌一起自第1肋的肌束
15. 中斜角肌深部　16. 中斜角肌浅部　17. 颈背侧横突间肌　18. 筋膜

（资料来源：雷治海，《骆驼解剖学》，2002）

2. 最长肌 为轴上肌系中带，从荐骨伸至颅骨。有腰最长肌、胸最长肌、颈最长肌、寰最长肌和头最长肌。

（1）腰最长肌 为最长肌的腰部，与髂肋肌融合，被强大的筋膜覆盖，后者在腰椎棘突上方与对侧者相延续，附着于荐骨嵴。腱束起始于该筋膜，但多肌质的髂部起始于髂嵴，腰部与胸部之间无明显分界。

（2）胸最长肌 肌束起始于腰棘突、第9胸椎至第2腰椎关节突和乳突前外侧面。深部的内侧肌束止于胸椎和腰椎的乳突及横突。浅部的外侧肌束止于第7～12肋结节后缘和椎骨端及前6个肋的背外侧面。最前方的肌束止于第7颈椎横突。

（3）颈最长肌　起始于前 3 个胸椎乳突和横突，借 5 个肌束止于第 3～7 颈椎横突背侧结节。

（4）寰最长肌　位于第 3 颈椎前方，较弱，止于寰椎翼后腹侧面。

（5）头最长肌　位于前肌内侧和背侧，借一长腱止于颞骨乳突。寰最长肌和头最长肌起始于第 2～7 颈椎关节突。

3. 胸颈棘肌　为最内侧的长轴上肌，位于第 3 胸椎至第 4 腰椎棘突的两侧，在后方与腰最长肌腱膜愈合。该肌的大部分被其外侧宽大的项韧带后延部（棘上韧带）所覆盖。该肌部分覆盖胸最长肌的起点，但多裂肌位于其内侧。在胸部，棘肌部借发亮的腱起始于前 4 个腰椎棘突的游离端，肌束水平走向前方。半棘肌部起始于第 6～12 胸椎横突和乳突前背侧面，合并入棘肌部继续前行。该肌胸部止于第 1～7 椎棘突远侧部后外侧面和第 5～7 颈椎棘突外侧面。

在颈部，半棘肌部常与多裂肌一起始于第 1～2 胸椎关节突和乳突，这些肌束与向前的棘肌部愈合，止于第 3～5 颈椎棘突外侧面和枢椎棘突的后面。该肌外侧被多裂肌所覆盖，并与该肌部分愈合，其内侧面为项韧带板状部。

4. 头半棘肌　为颈部唯一的长轴上肌，因为骆驼的颈夹肌缺失，颈二腹肌部和复肌部愈合。

（1）颈二腹肌　起始于第 1～4 胸椎横突，与其他家畜的不同，不起于背侧肩胛韧带的深层。

（2）复肌　起始于后 5 个颈椎的关节突。愈合的肌肉借一扁平腱膜止于枕骨项面。该腱膜附着于项韧带止点外侧的项嵴及形成枕外隆突侧界的斜的腹正中线。

5. 多裂肌　由含腱质较多，呈节段排列的肌束组成，从第 1 尾椎伸至枢椎，肌束走向前内侧。分腰部、胸部和颈部。

腰部起始于第 1 尾椎、荐骨外侧部及第 7 胸椎至第 2 腰椎的前关节突和乳突。由 12 个肌束组成。每一肌束与前方的 2 个肌束重叠，止于棘突游离端附近。

胸部不甚发达，由 11 个肌束组成，起始于第 1 腰椎至第 3 胸椎的前关节突，向前行，止点逐渐靠近棘突基部。如同在腰部一样，每一肌束终止前与 2 个前位棘突交叠，以肉质附着于下方的棘突外侧面，但最后的止点部分为腱质。长的回旋肌位于这些肌束的背内侧。

颈部由 7 个强大的肌束组成。起始于第 1 腰椎至第 3 胸椎的前关节突和乳突。走向前背侧，终止前不同程度地发生愈合，最前方的止于枢椎棘突后面和后关节突背侧面。起始于第 2 胸椎的肌束借一扇平腱膜止于第 4 颈椎棘突；起始于第 1 胸椎的肌束止于第 4 和第 3 颈椎；起始于第 6 和第 7 颈椎的止于第 3 颈椎；起始于第 4 和第 5 颈椎的止于枢椎。在这些长肌束的下方，肉质的短肌束行于相邻椎骨的后关节突与椎弓之间。最内侧的这些肌束与颈棘肌和半棘肌紧密相连。

（三）颈、背部短肌

1. 颈横突间肌　有背侧和腹侧肌束。背侧肌束为颈背侧横突间肌，行于关节突与横突之间或相邻的关节突之间，受颈神经背侧支支配。最后方的附着于第1胸椎的前关节突，止于第7颈椎的关节突和第6颈椎的横突（背侧关节）。这种起始、终止模式呈节段性重复，起始于第2颈椎前关节突的肌束止于寰椎翼腹侧面，位于头长肌和寰最长肌之间，长而明显。

腹侧肌束为颈腹侧横突间肌，行于横突之间。分浅的外侧部和深的内侧部。肌束受颈神经腹侧支支配。外侧部由在腹侧结节和前方第2个椎骨的背侧结节之间走向前背侧的肌束和连接相邻腹侧结节的短的平行肌束组成。最后方的肌束起始于第6颈椎板的前腹侧面。最前面的附着点是寰椎翼，在背侧横突间肌止点的下方。内侧部由行于相邻背侧结节之间、腹侧结节之间和背、腹侧结节之间的短肌束组成。后者走向前背侧，最后方的肌束起始于第1胸椎横突。

2. 回旋肌　胸、腰部脊柱的回旋肌由交叠于一个椎骨上的长回旋肌和附着于前方椎骨的短回旋肌组成。回旋肌起始于前关节突，止于前一椎骨棘突，位于多裂肌内侧，在胸、腰部可识别。

3. 棘间肌　肌质的棘间肌位于第7颈椎至第5腰椎棘突之间，由后向前逐渐增大；在后部棘间肌小，靠近棘突游离端；在前部，肌束变宽，最后几乎附着于整个棘突间。棘间肌部分覆盖位于其内侧的弹性棘间韧带。

4. 腰横突间肌　位于腰椎横突之间和第12胸椎与第1腰椎（T12-L1）之间的间隙内，肌束多肉质，短而水平的背侧横突间肌束也见于腰部相邻的关节突与乳突之间和第10～12胸椎的关节突与横突之间。

（四）颈腹侧肌

1. 颈长肌　为向腹侧屈颈的主要肌肉。肌束部分愈合，覆盖颈、胸部脊柱椎体和横突的腹侧面从寰椎伸至第4胸椎前部。在胸部，肌束向前汇集，呈开口向后的 V 形；在颈部，呈开口向前的 V 形。两部之间的中心在第4～6颈椎的腹侧椎间区。

胸部由4个 V 形肌群组成，每一个 V 形肌群由短、中和长肌束组成，从相邻椎骨的腹侧嵴和椎体伸至前方椎骨的椎体和横突（腹侧结节）的内侧面。短肌束连接相邻的椎骨，中肌束向前越过1个椎骨，长肌束向前越过2个椎骨。

在第6和第7颈椎椎间区不存在明显的 V 形，因为内侧肌束行径平行。短肌束附着于第6颈椎腹侧面，其他的肌束连接相邻的椎骨，但最长的平行肌束附着于第5颈椎腹侧嵴。胸部最长的外侧肌束止于第6颈椎板后内侧面。

颈部起始于第6颈椎板同一部位，肌束走向前内侧，组成同胸部。最前方的肌束起始于枢椎横突腹侧面，起始于后位椎骨的其他肌束一起止于寰椎腹侧面。

2. 斜角肌　仅有中斜角肌和腹侧斜角肌，缺背侧斜角肌。两斜角肌被臂丛根分开。

中斜角肌由浅、深束组成，从第7颈椎横突伸至第1肋，浅部止于肋骨头下方，深部主要附着于肋骨头。

腹侧斜角肌起始于第5～7颈椎横突，肌束汇聚后止于腋动脉、静脉背侧和臂丛根腹侧的第1肋前外侧面。最前方和腹侧部的共同止点为腱质。

切断第 5 和第 6 颈椎的浅肌束后可暴露深部。腹侧斜角肌的深部由起始于第 6 颈椎板外侧面凹窝的肌束组成，以肉质止于腱质止点的正内侧。该部分覆盖食管、颈总动脉和迷走交感干。颈外静脉位于其腹内侧。切断起始于第 7 颈椎的肌束时，可暴露椎动脉和椎神经。

　　3. 胸骨舌骨肌和胸骨甲状肌　胸骨舌骨肌和胸骨甲状肌起点愈合，并与胸头肌共同起始于胸骨柄。愈合的两肌在颈后部与胸下颌肌分开，沿气管外侧面前行至中部，两侧肌肉分开，成为 2 条腱带，每侧 1 条，沿气管外侧面继续前行。在颈前部，2 条腱带又重新成为肌带，其内侧缘沿腹侧中线愈合。在喉的正后方，每侧的肌带分为内侧部与外侧部。外侧部为胸骨甲状肌，即喉的甲状软骨；内侧部为胸骨舌骨肌，继续前行，常与肩胛舌骨肌一起止于底舌骨。

　　4. 胸头肌　常与胸骨甲状舌骨肌共同起始于胸骨柄，位于气管腹侧面，形成颈的腹侧缘。在颈部后 1/3，与位于其背侧的胸骨甲状舌骨肌分开，沿中线与对侧同名肌愈合。在颈中部，左、右两肌分开，成为腱带，在颈前部很快又成为扁平的肌带，在腮腺部，分为 2 条腱。

　　（1）胸下颌肌　在腮腺深面以圆形的纤维束止于下颌骨支的后缘。

　　（2）胸乳突肌　穿过下颌腺深面，以扁平腱附着于颅骨的乳突部。此肌在颈后 2/3 覆盖颈外静脉的腹外侧面，在颈前 1/3 位于颈外静脉的内侧。

　　5. 肩胛舌骨肌　为薄的板状肌，在颈前部将颈外静脉与颈总动脉分开，起始于第 2 和第 3 颈椎横突及颈筋膜，止于下颌舌骨肌后部、底舌骨和甲状舌骨的毗邻面。

（五）胸廓肌

　　胸廓肌位于胸廓周围，参与呼吸运动，也称呼吸肌。包括膈、肋间肌、胸直肌、肋提肌、后背侧锯肌、胸廓横肌等。

　　1. 膈　骆驼膈的整体结构与一般哺乳动物的类似，分为肌质部和中心腱（图 1-45）。肌质部又分为腰部、肋部和胸骨部。主动脉位于腰部左、右膈脚之间的主动脉裂孔。右膈脚大，以强腱起始于第 4 和第 5 腰椎邻近面的腹侧面及腹侧纵韧带。左膈脚小，同样起始于第 3 和第 4 腰椎。在主动脉的背侧面形成一肌性桥，它起始于左膈脚的腱质，呈扇形向前伸展，并越过中线与右膈脚的肌质部分愈合。后者分开形成食管裂孔。在食管的腹侧，肌纤维附着于膈骨。膈骨略呈三角形或四边形，尽管不恒定，但在大多数骆驼都可发现。它由中心腱内的软骨原基演化而成，位于腔静脉孔的左侧。成年骆驼的膈骨长 350mm，宽 250mm，背侧缘厚 50mm，腹侧缘厚 150mm，但其

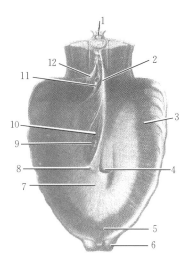

图 1-45　膈（后面观）

1. 第 5 腰椎　2. 右膈脚　3. 肋部
4. 腔静脉孔　5. 胸骨部　6. 胸骨
7. 中心腱　8. 膈骨　9. 食管
10. 食管裂孔　11. 主动脉　12. 左膈脚
（资料来源：雷治海，《骆驼解剖学》，2002）

形态和大小变化很大。据推测，膈骨的作用是在呼吸时保持腔静脉开放和免受前胃的压力。显然，它为食管裂孔的两唇和较宽阔的中心腱的辐射纤维提供了牢固的附着中心。肋部附着于第7肋骨的肋软骨，并沿第7～9肋骨肋的软骨结合处及其余各肋骨肋的软骨关节上方的连线向后，附着于最后肋中部的前缘。胸骨部为肋部腹侧正中部的延续，附着于最后胸骨和剑状软骨背侧面。

2. 肋间肌 分肋间外肌和肋间内肌（图 1-46）。

（1）**肋间外肌** 位于相邻肋间浅层，为吸气肌。肌纤维走向后腹侧，在前2个肋间隙最发达，向后变薄；从第8肋间隙向后，不伸达肋腹侧区；在最后2个肋间隙，除背侧仅有少数肌束外，缺肋间外肌。在第4～9肋上1/3，肋间外肌表面被覆与项韧带相连续的黄色弹性组织层。

（2）**肋间内肌** 为呼气肌，较发达，分布

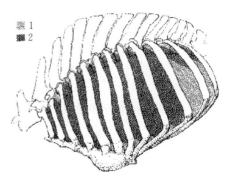

图 1-46　肋间肌（半模式图）
1. 肋间内肌　2. 肋间外肌
（资料来源：雷治海，《骆驼解剖学》，2002）

范围较大。肌纤维走向前腹侧，除背侧有少数肋间外肌束外，最后2个肋间隙仅有肋间内肌。第5～7肋软骨间隙有肋间内肌，其余肋软骨间隙由脂肪和致密组织填充。

3. 胸直肌 为吸气肌，小，由3个肌束组成，位于第1～3肋的腹侧面。最腹侧的肌束位于前2个肋骨肋软骨关节之间，中肌束从第1肋的后缘伸至第3肋骨肋软骨关节。

4. 肋提肌 为吸气肌。位于髂肋肌内侧，分节起始于第1～11胸椎乳突和横突，止于后位肋骨角，在腹侧部分地与肋间外肌愈合。肋提肌受胸神经背侧支支配，而肋间肌受胸神经腹侧支支配。

5. 后背侧锯肌 为呼气肌。由3个扁平肌束组成，起始于后3个肋骨的后面，走向后背侧，与胸腰筋膜愈合。

6. 胸廓横肌 为呼气肌。位于胸骨和第3～7肋软骨的背侧面，肌束在中线两侧起始于胸骨韧带，附着于第3～7肋的肋软骨表面。在肋软间隙，肌纤维进一步伸向背侧，形成一锯齿状的边缘。胸廓横肌覆盖于胸内动、静脉表面。

（六）腹壁肌

腹壁肌（图 1-47）表面被覆腹黄膜，腹壁肌收缩时可压脏器，增加腹压，协助排粪、排尿、分娩和呼吸。

1. 腹外斜肌 起始于背阔肌腱膜腹侧缘和第6～12肋骨远端外侧面的筋膜，在后上方借胸腰筋膜附着于腰椎横突的末端。肌纤维走向后下方，肌质部的下缘为稍弯曲的弧线，从髋结节伸至胸骨，肌质部延续为腱膜，附着于腹白线、耻骨前韧带、腹股沟韧带和股内侧筋膜。

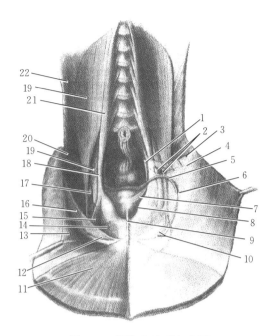

图 1-47　腰部和腹后部内面

1. 输尿管　2. 髂外动脉、静脉　3. 筋膜　4. 腹膜　5. 输精管　6. 鞘膜环　7. 膀胱圆韧带
8. 膀胱　9. 膀胱正中韧带　10. 阴部外动脉、静脉　11. 腹直肌　12. 腹股沟管浅环
13. 腹内斜肌　14. 耻骨肌　15. 缝匠肌　16. 腹股沟韧带　17. 股神经　18. 直肠
19. 腰大肌　20. 髂肌　21. 腰小肌　22. 腰方肌

（资料来源：雷治海，《骆驼解剖学》，2002）

腹黄膜厚，覆盖于腹外斜肌肌质部表面，并与在后背侧、后外侧和腹侧分别覆盖腹内斜肌、腹横肌和腹直肌的腱膜紧密融合，成为腹直肌鞘外层。

在耻骨前韧带外侧的腱膜上有一裂隙，朝向内-外侧，为腹股沟管浅环，一侧附着于耻骨前韧带，另一侧附着于腹股沟韧带，输精管穿过其内侧角，而阴部外血管和生殖股神经位于其内侧。在腹股沟管浅环的外侧，腹外斜肌腱膜大面积与股内侧筋膜融合。其外弹性层与阔筋膜张肌强大的弹性膜相延续。

2. 提睾肌　与腹内斜肌无任何关系。为 5mm 宽的肌束，位于鞘突的内侧面，部分包埋在鞘膜的壁层内，从腹股沟管浅环伸至附睾尾韧带。

3. 腹内斜肌　肌质部厚，起始于胸腰筋膜、髋结节和腹股沟韧带，在前方与肋退缩肌相连续，呈扇形伸向前腹侧，前方在倒数第 2 肋骨平面，腹侧在腹直肌外侧缘移行为腱膜。其后缘形成腹股沟管内环（深环）的前内侧壁。腹内斜肌腱膜在前方覆盖肋弓，并与胸部筋膜融合；在腹侧与腹外斜肌腱膜融合形成腹直肌鞘的外层，止于腹白线。

4. 肋退缩肌　富含肌质，呈长方形，以腱膜起始于第 2～5 腰椎横环突末端，止于最后肋骨的后缘。在腹侧与腹内斜肌相延续。

5. 腹横肌　较薄，起始于髋结节、胸腰筋膜和肋弓内侧面，位于腹内斜肌内侧面，为腹壁肌的最深层。其腹侧缘在前方伸至腹直肌外侧缘，在后方弯向背侧，在最后肋骨平面伸至腹直肌外侧缘；其后缘位于髋结节平面，向后可达关节平面。其腱膜形成腹直肌鞘的内层，止于腹白线。腹横肌的肌质部形成支持腹外侧壁的垂直带，部分位于腹直肌的下面；肌纤维垂直排列，其浅面可见胸、腰神经的腹侧支。该肌不参与腹股沟管的形成。

6. 腹直肌　在胸升肌正后方起始于最后胸骨节及第 7 和第 8 肋软骨，位于腹白线两侧，宽而扁，表面有数条腱划，包在由腹外斜肌、腹内斜肌和腹横肌腱膜形成的腹直肌鞘内。其外侧缘与肩关节在同一水平面上。向止点方向去，肌腹逐渐变细，以耻骨前韧带附着于耻骨梳。

7. 公驼的包皮肌　很发达，有包皮前肌和包皮后肌（图 1-48）。

（1）包皮前肌　成对，沿腹中线分布，起始于脐后方数厘米处的腹黄膜，向包皮口汇聚，在此处围绕包皮口从右侧转向左侧，肌束附着于支持包皮口的坚韧的纤维脚。该肌为包皮的牵引肌。

（2）包皮后肌　发达，主要由背、腹侧袢构成，从阴茎的乙状曲后方的正中线伸至包皮内层的后缘。其中一袢起始于阴茎腹侧，另一袢较强大，起始于阴茎背外侧，也有一些肌束位于包皮口的后外侧，起始于腹股沟管浅环附近的筋膜，汇集于包皮口上面的纤维脚。该肌为阴茎的退缩肌。

8. 母驼乳房上肌　为一条 150mm 的扁平肌带，起始于脐的正后方，沿腹中线向后行走，并变得窄而圆，在最后 1 对乳头平面止于乳房背侧（图 1-49）。此肌收缩可使乳房至少向前移动 150mm，可驱逐昆虫和正在吃奶的幼驼。

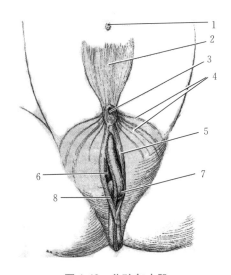

图 1-48　公驼包皮肌

1. 脐　2. 包皮前肌　3. 包皮口　4. 包皮后肌——后外侧束
5. 包皮后肌——腹侧袢　6. 包皮后肌——背侧袢
7. 阴茎乙状曲　8. 阴茎退缩肌
（资料来源：雷治海，《骆驼解剖学》，2002）

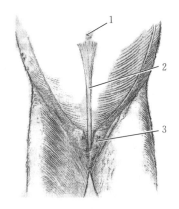

图 1-49　母驼乳房上肌

1. 脐　2. 乳房上肌　3. 乳房
（资料来源：雷治海，《骆驼解剖学》，2002）

（七）腰部轴下肌

1. 腰小肌 位于腰下肌最内侧，起始于最后胸椎和前 4 个或 5 个腰椎椎体的外侧面，沿其浅面形成强腱，止于髂骨的腰小肌结节。

2. 髂腰肌 由两部分构成，腰大肌起始于腰椎椎体及横突基部，位于腹内侧，与髂肌共同止于股骨的小转子。起始于第 5～7 腰椎的肌束与该肌的长部分开，以便股神经通过。于是，形成 2 条平行的腰大肌腱，止于股骨的小转子。

髂肌起点广泛，起始于髂骨翼和体的内侧面及荐骨。髂骨起始部不分开，但肌束分开止于腰大肌的相应腱，于是髂肌位于腰大肌 2 条腱的下面和两侧，并与它们融合，共同止于股骨小转子。髂腰肌为髋关节强大的屈肌，并可旋外股骨。

3. 腰方肌 为薄而窄的板状肌，位于腰椎横突末端的腹侧面，最前方的附着处为最后肋骨的后缘，后续肌束始于腰椎突，止于荐骨翼的前面。

4. 肋下肌 为 2 条界线清晰的腱性肌束，位于肋间区近端腹侧面，朝向后外方，从最后两肋骨近端后面走向前 3 个腰椎横突。这块肌肉是否相当于犬的肋下肌仍不清楚。

（八）公驼会阴肌（图 1-50）

1. 尾骨肌 起始于坐骨棘和荐结节韧带，止于第 3 尾椎横突。

2. 肛提肌 在尾骨肌起点内侧起始于坐骨棘，呈扇形走向肛门，止于：第 3 尾椎，在荐尾腹外侧肌与腹内侧肌之间；肛门外括约肌的后部和阴茎退缩肌的肛门部；尿道骨盆部背侧的会阴隔。

3. 肛门外括约肌 后部环绕肛门口，前部在腹侧附着于阴茎球上方的结缔组织垫。

4. 阴茎退缩肌 成对，为平滑肌，起始于第 3 尾椎的腹侧面，近侧部或肛门部环绕被肛门外括约肌后缘所盖的肛管，一些肌纤维在肛门下方交叉，其余纤维则在同侧继续下行，形成阴茎部。肛门部分出一支阴茎退缩肌附着于尿道盆部的背侧面。阴茎部沿阴茎后部走行，附着于乙状曲远端阴茎的腹侧面，终止于阴茎游离部附近。

5. 球海绵体肌 成对，附着于阴茎球的外侧面，在被侧呈球形，朝向阴茎体则逐渐变细。阴茎退缩肌将两侧的球海绵体肌分开。

6. 坐骨海绵体肌 起始于坐骨结节和荐结节，走向远内侧附着于阴茎体。阴茎脚靠近中线起始于坐骨弓，其后面被坐骨海绵体肌的远侧部所覆盖。

7. 坐骨尿道肌 呈纺锤形，在坐骨海绵体肌的前方和内侧起始于坐骨弓，附着于尿道球腺近前方的尿道筋膜。

8. 直肠尾骨肌 单峰驼缺直肠尾骨肌，但在此区有一层弹性结缔组织将肛门背侧壁附着于尾。双峰驼的直肠尾骨肌不发达，为 10 条左右来自肠纵行肌层的平滑肌束。这些肌束在肛门外括约肌后缘附近，离开直肠向上延伸，分别以一条弹性纤维作为止点腱，在尾根腹侧附着于尾筋膜。会阴浅横肌为辐射状皮肌带，起始于会阴体。会阴纵皮肌为纵行皮肌带，起始于坐骨海绵体肌两侧。

以上相关肌肉见图 1-50。

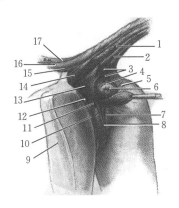

图 1-50　公驼会阴肌和尾肌，睾丸未下降（隐睾）

1. 荐尾腹外侧肌　2. 荐尾腹内侧肌　3. 阴茎退缩肌（肛门部）　4. 肛门外括约肌　5. 会阴浅横肌

6. 肛门　7. 球海绵体肌　8. 阴茎退缩肌（阴茎部）　9. 半腱肌表面的弹性层　10. 坐骨海绵体肌

11. 阴茎退缩肌尿道附着处　12. 坐骨尿道肌　13. 肛提肌　14. 直肠荐骨肌

15. 尾横突间肌　16. 荐尾背外侧肌　17. 荐尾背内侧肌

（资料来源：雷治海，《骆驼解剖学》，2002）

（九）母驼会阴肌（图 1-51）

1. 尾骨肌　起始于坐骨棘和荐结节韧带，止于第 3 尾椎横突。

2. 肛提肌　起始于尾骨肌起点内侧的坐骨棘，呈扇形，止于：①第 3 尾椎，在荐尾腹外侧肌与内侧肌之间；②肛门外括约肌的后缘；③会阴隔的外侧部。

3. 肛门外括约肌　后部环绕着肛门口，前部向腹侧越过阴道前庭的外侧壁，形成前庭缩肌。

4. 前庭缩肌　为肛门外括约肌前部的延续，覆盖阴道前庭的外侧壁，止于阴蒂体远侧的筋膜。该肌的最前部起始于肛提肌。

5. 阴蒂退缩肌　为平滑肌，起始于第 3 尾椎腹侧面，在肛门外括约肌和阴门缩肌的近前方经过肛门的外侧，分出直肠部，后者经直肠腹侧与对侧同名肌联合，在直肠腹侧形成一肌性吊带。阴蒂部继续走向远端，止于阴蒂体前部。

6. 坐骨海绵体肌　起始于坐骨结节。走向远内侧附着于阴蒂体前部的筋膜。

7. 坐骨尿道肌　起始于坐骨海绵体肌前内侧的坐骨弓，在坐骨海绵体肌止点前方止于阴蒂体的筋膜。

以上相关肌肉见图 1-51。

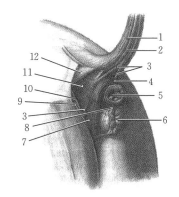

图 1-51　母驼会阴肌

1. 荐尾腹外侧肌　2. 荐尾腹内侧肌

3. 阴蒂退缩肌　4. 肛门外括约肌

5. 肛门　6. 阴唇　7. 前庭缩肌

8. 会阴体　9. 坐骨海绵体肌

10. 坐骨尿道肌　11. 肛提肌　12. 直肠尾骨肌

（资料来源：雷治海，《骆驼解剖学》，2002）

三、头部肌

（一）面部肌

1. 面皮肌　为一薄肌，位于咬肌下部和腮腺区，由口角伸至颈部。可退缩口角。

2. 颧肌　为一带状肌，在眶下方起始于咬肌筋膜，在口角附近止于颊肌，可退缩口角。

3. 口轮匝肌　在口角处发达，向中线处变薄。

4. 鼻唇提肌　薄，起始于鼻区筋膜，在后方与颧骨肌相延续。此肌走向前腹侧，止于口轮匝肌和上（内侧）鼻孔外侧角。

5. 上唇提肌、犬齿肌和上唇降肌　共同起始于眶下孔前腹侧一小区，肌纤维分别走向背侧、前背侧和前方（图 1-52）。

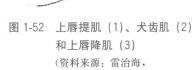

图 1-52　上唇提肌（1）、犬齿肌（2）
和上唇降肌（3）
（资料来源：雷治海，
《骆驼解剖学》，2002，稍加修改）

（1）上唇提肌　退化。

（2）犬齿肌　止于鼻孔外侧角和外侧（下）鼻孔。可开张外侧鼻孔。

（3）下唇降肌　止于上唇前部，可退缩下唇。

6. 切齿肌　分上切齿肌和下切齿肌（图 1-53）。

（1）上切齿肌　发达，形成上唇的大部分，起始于切齿骨的齿槽突，辐射入上唇。一些纤维横向越过中线。

（2）下切齿肌　不如上切齿肌宽阔，以纤细的扁平肌束起始于下颌骨切齿部的齿槽，辐射入上唇。一些纤维横向越过中线。肌束起始于下颌骨切齿部的齿槽缘，止于下唇。

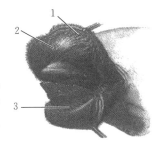

图 1-53　切齿肌
1. 唇腺　2. 上切齿肌
3. 下切齿肌
（资料来源：雷治海，
《骆驼解剖学》，2002）

7. 下唇降肌　位于颊肌下缘，向前伸延，止于下唇。

8. 颏肌　由颏隆起部呈放射状排列的肌束组成，可使它所附着的皮肤隆起和起皱。

9. 鼻孔肌　其排列方式形成括约肌，可使鼻孔闭合。在内侧面，鼻端开大肌和鼻内侧开大肌分别位于前腹侧和后腹侧，起始于鼻背外侧软骨。它们单独作用时，可开大鼻孔。鼻唇提肌和犬齿肌附着于外侧角，与外侧鼻孔平行延伸。在这些肌肉的深处，可见发达的鼻外侧肌，其纤维从鼻孔伸向切齿骨，可开大鼻孔。

10. 颊肌　形成颊的肌系，分为颊部和臼齿部。其前部称颊部，由边界清楚的浅带和深部组成，浅带由眶下孔前方的一小区伸向口角。深部起始于浅部前方，走向后腹侧，浅部与口轮匝肌相混杂，而深部附着于口角，呈扇形伸向颊。少数走向腹侧的肌束也起始于下颌骨齿槽间缘。颊背侧腺和颊中间腺构成颊结构的大部分。

臼齿部较发达，其纤维前后向纵行。起始于上颌结节和下颌骨支及上、下颌的齿槽缘。臼齿部与颊部相延续，其起始部被咬肌遮盖。颊腹侧腺位于该肌腹侧缘。

11. 颧骨肌 与鼻唇提肌相延续。起始于泪骨和额骨及眼轮匝肌。后者的肌纤维走向后腹侧达咬肌侧区。前部很薄，肌束走向腹侧，与颊肌的肌束愈合，附着于下颌骨，覆盖发达的颊腹侧腺。

12. 额肌 为薄层肌束，色浅。起始于眶上孔外侧的额骨，向前外侧走向上眼睑内侧半，在此处覆盖眼轮匝肌，止于上眼睑和内眼角，及其附近的区域。可上提上眼睑。

13. 眼轮匝肌 分眶部和睑部，眶部发达，特别是其腹侧，附着于外眼角和内眼角，完全包围眼眶。睑部仅在内眼角附近明显。可闭合眼睑（图1-54、图1-55）。

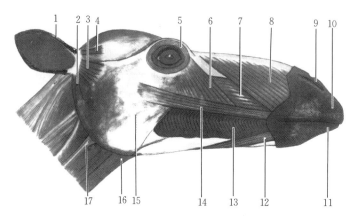

图 1-54 头部浅层肌（右侧面 1）

1. 耳郭（耳壳） 2. 耳腹侧肌 3. 颧耳肌 4. 耳背侧内收肌 5. 眼轮匝肌 6. 颧骨肌（颊提肌）
7. 上唇固有提肌、犬齿肌和上唇降肌 8. 鼻唇提肌 9. 鼻孔 10. 上唇 11. 下唇 12. 下唇降肌
13. 颊肌 14. 颧肌 15. 咬肌外部 16. 肩胛舌骨肌 17. 颈静脉

（资料来源：哈斯苏荣，《双峰驼解剖图解》，2013）

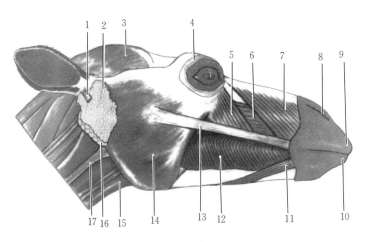

图 1-55 头部浅层肌（右侧面 2）

1. 耳腹侧肌 2. 腮腺 3. 颞肌 4. 眼轮匝肌 5. 颧骨肌（颊提肌） 6. 上唇固有提肌、犬齿肌和上唇降肌
7. 鼻唇提肌 8. 鼻孔 9. 上唇 10. 下唇 11. 下唇降肌 12. 颊肌 13. 颧肌 14. 咬肌 15. 咬肌外部
16. 肩胛舌骨肌 17. 颈静脉

（资料来源：哈斯苏荣，《双峰驼解剖图解》，2013）

（二）耳肌

耳肌位于耳周围，能紧张盾状软骨的有颈盾肌、盾间肌、额盾肌和颧盾肌，共4块。耳前肌，有颧耳肌、盾耳浅背侧肌和盾耳浅中肌，共3块；耳背侧肌，有颈耳浅肌、顶耳肌和盾耳浅副肌，共3块，可牵耳向上；耳后肌，有颈耳中肌和颈耳深肌，共2块；耳腹侧肌，为退化的腮耳肌；耳回旋肌，为盾耳深肌（图1-56至图1-58）。

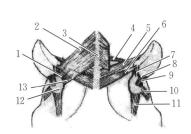

图 1-56　耳肌半模式图（背侧面）

1. 颈盾肌　2. 颈耳浅肌　3. 项嵴　4. 颈耳深肌
5. 颈耳中肌　6. 顶耳肌　7. 盾耳浅副肌　8. 盾耳浅中肌
9. 盾耳浅背侧肌　10. 颧盾肌　11. 额盾肌
12. 盾（盾状软骨）　13. 盾间肌

（资料来源：雷治海，《骆驼解剖学》，2002）

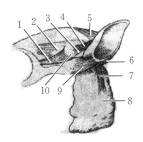

图 1-57　耳肌（左外侧面）

1. 颧盾肌　2. 额盾肌　3. 盾耳浅中肌
4. 盾耳浅背侧肌　5. 盾间肌　6. 颈耳中肌
7. 腮耳肌　8. 腮腺　9. 颧耳肌和盾耳浅腹侧肌
10. 盾（盾状软骨）

（资料来源：雷治海，《骆驼解剖学》，2002）

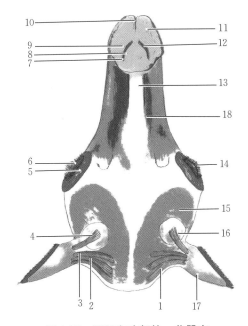

图 1-58　耳肌和头部的一些器官

1. 耳郭背后内收肌　2. 耳郭背中内收肌　3. 耳郭背前内收肌　4. 耳郭外内收肌　5. 上眼睑
6. 角膜　7. 假鼻孔　8. 上鼻翼　9. 下鼻翼　10. 上唇唇裂　11. 上唇　12. 鼻孔　13. 鼻背（鼻梁）
14. 睫毛　15. 颧肌　16. 颧上（盾状）软骨　17. 耳郭软骨　18. 头部皮肌

（资料来源：哈斯苏荣，《双峰驼解剖图解》，2013）

1. **可紧张盾状软骨的耳肌**

（1）颈盾肌　起始于项韧带和枕骨，附着于盾状软骨后内侧缘。

（2）盾间肌　与颈盾肌相延续，起始于枕骨，附着于盾状软骨后外侧缘。

（3）额盾肌　起始于额骨额突基部，止于盾状软骨前缘。

（4）颧盾肌　起始于颧骨额突，止于盾状软骨前缘。

2. **耳前肌**

（1）颧耳肌　在眶的正后方起于颧弓，附着于盾状软骨的前腹侧缘。在背侧与盾耳浅腹侧肌融合。

（2）盾耳浅背侧肌和盾耳浅中肌　均起始于盾状软骨背内侧面，两者互相交叉，附着于耳甲的前面。

3. **耳背侧肌**

（1）颈耳浅肌　起始于项韧带，与颈盾肌融合，附着于顶耳肌止点腱。

（2）顶耳肌　为一界线清楚的带状肌，起始于颞线，止于耳郭软骨内侧面。

（3）盾耳浅副肌　为一小肌，由盾状软骨后缘走向耳郭软骨。

4. **耳后肌**

（1）颈耳中肌　在盾间肌覆盖下，从枕骨伸至耳郭软骨后面。

（2）颈耳深肌　很小，起始于项嵴，在颈耳中肌远侧止于耳郭软骨。

5. **耳腹侧肌**　为退化的腮耳肌。

6. **耳回旋肌**　盾耳深肌有 2 块，为回旋肌，附着于盾状软骨深面，向后行附着于耳郭软骨。

（三）咀嚼肌

咀嚼肌分闭口肌和开口肌。闭口肌有咬肌、颞肌、翼内侧肌和翼外侧肌，开口肌为二腹肌（图 1-59、图 1-60）。

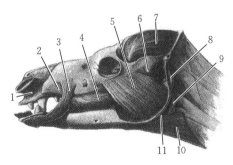

图 1-59　咀嚼肌

1. 鼻外侧肌　2. 颊肌颊深部　3. 颊肌颊浅部
4. 颊肌臼齿部　5. 咬肌浅部　6. 咬肌深部　7. 颞肌
8. 二腹肌后腹　9. 茎突舌骨肌　10. 肩胛舌骨肌
11. 二腹肌前腹

（资料来源：雷治海，《骆驼解剖学》，2002）

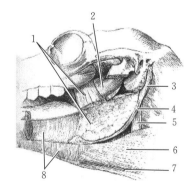

图 1-60　咀嚼肌（左侧面，颌骨已除去）

1. 翼内侧肌　2. 翼外侧肌　3. 二腹肌后腹
4. 二腹肌前腹　5. 茎突舌骨肌
6. 肩胛舌骨肌　7. 胸骨舌骨肌　8. 下颌舌骨肌

（资料来源：雷治海，《骆驼解剖学》，2002）

1. 咬肌　多腱质，位置较靠后，这样可使骆驼的口张开得很大。咬肌前缘达第 2 臼齿中部水平。分浅部和深部。浅部起始于眶缘腹侧面和颧弓的前部，肌纤维走向后腹侧，止于下颌骨的咬肌窝。深部走向腹侧和前腹侧，起始于颧弓，止于下颌骨支的凹窝。

2. 颞肌　起始于颞窝及其前缘和额弓内侧面，肌纤维汇聚止于下颌骨的冠状突，在此处与咬肌融合，其附着部沿下颌骨支内侧面向前延伸。

3. 翼内侧肌　广泛起始于翼腭窝和腭骨垂直部的前部，包括后腹侧的基蝶骨的尖突，肌束还起始于上颌结节内侧面。走向腹外侧，略向后，附着于下颌骨的翼肌窝。

4. 翼外侧肌　在上肌近后方起始于腭骨和颞骨翼突远侧部，为强健的圆形肌，走向外后方，止于下颌骨的翼肌凹。

5. 二腹肌　为纤细的双肌腹肌，位于下颌骨支正后方，起始于髁旁突，前、后肌腹被一纤维性腱划分开。后腹较短，沿茎突舌骨后面分布。前腹扁平，长度为后腹的 2 倍，附着于翼内侧肌的后腹侧缘和下颌骨（向前可达血管切迹）。在此平面还附着于下颌骨内侧的下颌舌骨肌表面。

（四）舌肌

舌肌分固有舌肌和外来舌肌。外来舌肌有颏舌肌、舌骨舌肌和茎突舌肌（图 1-61、图 1-62）。

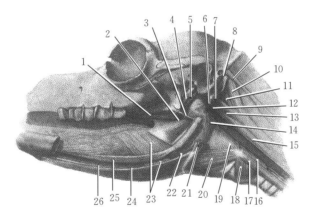

图 1-61　舌肌、腭肌和咽肌

1. 腭肌　2. 翼咽肌　3. 咽峡和茎突舌骨之间的韧带　4. 腭帆张肌　5. 腭帆提肌
6. 茎突咽后肌（起点）　7. 茎突舌肌　8. 枕舌骨肌　9. 头最长肌　10. 头前斜肌
11. 头外侧直肌　12. 寰咽肌　13. 头腹侧直肌　14. 舌咽肌　15. 头长肌　16. 环咽肌
17. 胸骨甲状肌　18. 环甲肌　19. 甲咽肌　20. 甲状舌骨肌　21. 茎突舌骨肌残干
22. 角舌骨肌　23. 舌骨舌肌　24. 颏舌骨肌　25. 茎突舌肌　26. 颏舌肌

（资料来源：雷治海，《骆驼解剖学》，2002）

1. 颏舌肌　扁平，呈扇形，沿正中平面分布，起始于下颌骨的切齿部，从下方入舌，可牵舌向前、向腹侧。

2. 舌骨舌肌　起始于底舌骨和甲状舌骨，由舌根入舌，肌纤维走向舌尖，其内侧

第一章　运动系统

为颏舌肌，外侧为茎突肌，可拉舌向后。

3. 茎突舌肌 呈带状，起始于茎突舌骨远侧部，向前行入舌，两侧茎突舌肌共同作用可使舌缩短，一侧茎突舌肌作用可牵引舌向外。

（五）舌骨肌

1. 下颌舌骨肌 为带状肌，位于下颌间隙内，在每侧下颌骨的下颌舌骨肌线之间延伸。形成舌及其肌肉的吊带。其后部肌束与胸骨舌骨肌和肩胛舌骨肌在底舌骨上的止点融合。

2. 颏舌骨肌 起始于下颌骨的切齿部，在下颌间隙内后行止于底舌骨。双侧肌沿中线融合。

3. 茎突舌骨肌 起始于茎突舌骨角，走向腹侧，止于甲状舌骨游离端。

4. 枕舌骨肌 为一小肌，连结髁旁突和茎突舌骨近端，其收缩有助于将茎突舌骨远侧端拉向后方。

5. 角舌骨肌 为三角形小肌，从甲状舌骨前缘伸至角舌骨后缘。通过上提甲状舌骨，可使喉向前背侧运动。

6. 甲状舌骨肌 自甲状软骨走向前腹侧，附着于底舌骨后面及其附近的甲状舌骨部分。它似乎为胸骨甲状肌的前延。

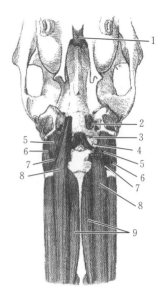

图 1-62　头和颈前部腹侧肌
1. 腭肌（起点）
2. 头长肌和头腹侧直肌止点
3. 寰咽肌（起点）
4. 寰枕关节囊　5. 头外侧直肌
6. 头前斜肌　7. 头腹侧直肌
8. 头长肌　9. 颈长肌
（资料来源：雷治海，
《骆驼解剖学》，2002）

（六）软腭和咽肌

骆驼的咽结构特殊，这一点反映在腭肌和咽肌的排列上。

1. 软腭的肌肉

（1）腭肌　发达，成对，细长。在腭骨游离的后缘的前方起始于腭骨腹侧面，走向后方。向软腭游离缘去，失去其均一性，但与下述三肌关系密切。

（2）腭帆张肌　为一较宽而扁平的腱质肌，起始于咽鼓管的软骨部和咽鼓管骨质开口正前方的肌突，走向前腹侧，绕过翼骨钩，在此处其腱下方有一滑膜囊，呈放射状伸入软腭顶。可紧张软腭前部。

（3）腭帆提肌　细长，多肌质，起始于咽鼓管骨质开口处，位于腭帆张肌内后方，在腭肌外侧和扁桃体窝内侧附着于软腭顶。可上提软腭前部。

（4）翼咽肌　小而短，位于腭帆张肌和腭帆提肌远侧部之间。起始于翼骨钩，附着于腭肌外侧面。因此，它成为软腭肌，而不是咽肌。协助张肌工作。

2. 咽肌

（1）咽前缩肌　起始于舌根正后方的软腭筋膜。形成一薄肌层，覆盖腭扁桃体。其肌束弯向后侧，在腭帆提肌后方和茎突咽后肌前方会聚，在枕咽肌外侧止于咽筋膜。

（2）咽中缩肌　舌骨咽肌起始于上舌骨和甲状舌骨，肌纤维散开包围和覆盖鼻咽背侧憩室。

（3）咽后缩肌　甲咽肌和环咽肌分别起始于甲状软骨板和环状软骨外侧面，在背侧止于咽缝。

（4）咽开大肌　有二，即寰咽肌和茎突咽后肌。

① 寰咽肌　成对，起始于寰枕关节囊腹侧面和寰椎腹侧弓，肌纤维走向腹侧，止于鼻咽背侧憩室背侧面和后者前方的嵴。该嵴将鼻咽部不完全地分成前、后两部分。前腹侧走向的肌纤维还附着于穹窿后面。在其他家畜没有与此肌同源的肌肉。

② 茎突咽后肌　起始于茎突舌骨内侧面及其附近连接翼骨钩与茎突舌骨的韧带部分，走向前腹侧，止于咽的外侧壁。

四、后肢肌

（一）臀股部肌

1. 臀肌

（1）臀中肌　起始于髂骨翼的弓形面，接近髂嵴，分浅部和深部，浅部止于大转子顶端，还有一部分附着于大转子的后面，相当于梨状肌，深部为臀副肌，表面被覆闪光的筋膜，止于大转子的前外侧面。臀中肌止点腱下方无滑膜囊（图1-63、图1-64）。

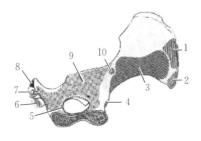

图1-63　肌肉附着处（骨盆左外侧面）
1. 腰方肌　2. 腹内斜肌　3. 髂肌　4. 耻骨肌
5. 闭孔外肌　6. 半腱肌　7. 半膜肌
8. 坐骨海绵体肌　9. 闭孔内肌　10. 腰小肌
（资料来源：雷治海，《骆驼解剖学》，2002）

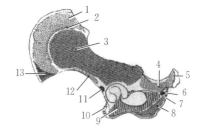

图1-64　肌肉附着处（骨盆左内侧面）
1. 臀中肌　2. 臀副肌　3. 臀深肌　4. 孖肌
5. 臀股二头肌的股二头肌部　6. 股方肌
7. 半膜肌　8. 内收肌　9. 闭孔外肌　10. 耻骨肌
11. 髋关节囊　12. 股直肌　13. 阔筋膜张肌
（资料来源：雷治海，《骆驼解剖学》，2002）

（2）臀深肌　骆驼的臀深肌比其他家畜的宽而强大，起始于髂骨翼、髂骨体和坐骨棘，止于大转子前面的粗糙区。

2. 髂肌　见腰部轴下肌。

3. 股后肌　见图1-65、图1-66。

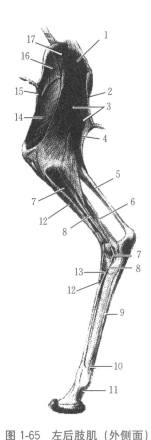

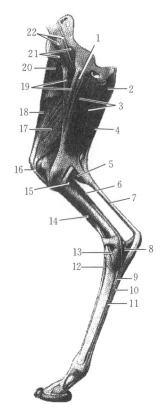

图 1-65　左后肢肌（外侧面）

1. 臀股二头肌臀浅肌部　2. 半腱肌

3. 臀股二头肌股二头肌部　4. 弹性层　5. 跟总腱

6. 趾长屈肌腱　7. 腓骨长肌　8. 趾外侧伸肌

9. 屈肌腱　10. 骨间中肌　11. 趾深屈肌腱

12. 趾长伸肌　13. 趾短伸肌　14. 股外侧肌

15. 弹性层　16. 阔筋膜张肌　17. 臀中肌

（资料来源：雷治海，《骆驼解剖学》，2002）

图 1-66　右后肢肌（内侧面）

1. 耻骨肌　2. 半膜肌　3. 股薄肌　4. 半腱肌

5. 腓肠肌内侧头　6. 趾长屈肌和胫骨后肌

7. 跟总腱　8. 趾长屈肌腱　9. 趾深屈肌腱

10. 趾浅屈肌腱　11. 骨间中肌　12. 趾长伸肌腱

13. 胫骨前肌止点　14. 第三腓骨肌　15. 腘肌

16. 膝中韧带　17. 股内侧肌　18. 股直肌

19. 缝匠肌　20. 阔筋膜张肌　21. 髂肌　22. 腰大肌

（资料来源：雷治海，《骆驼解剖学》，2002）

（1）臀股二头肌　臀浅肌和股二头肌不完全融合，但它们形成一功能单位，可看作是一肌复合体，从荐骨和坐骨结节向下伸至膝部。

臀浅肌部起始于荐结节、荐骨外侧部和臀筋膜，其肌纤维向下聚集，可资区别；在近端易与后方的股二头肌部分开。在大转子下方，该部变成强大的扁平纤维带，与股二头肌部前缘的深面融合，止于臀骨的外侧面。在其止点腱下有一滑膜囊。

股二头肌部起始于股二头肌与半腱肌之间的肌间隔及坐骨结节的背外侧和腹侧面与荐结节韧带。分为前后两部分，前部大，后部小。前部的肌纤维朝向前腹侧，大部分止于阔筋膜。在远端形成强大的腱膜，止于股骨外侧髁和胫骨及胫骨前缘。后部起始于坐骨结节腹侧面和小腿部分的筋膜。其腱膜含有弹性组织，展开附着于跟腱和小腿筋膜。还伸入趾深屈肌与趾外侧伸肌之间而附着于胫骨上半部的外侧部。

（2）半膜肌　特点是有 2 个肌腹，起始于坐骨弓的腹侧缘，止于股骨内侧上髁及其近侧的嵴，并借一筋膜带止于内侧侧副韧带和胫骨粗隆。

（3）半腱肌　在半膜肌外侧起始于坐骨结节的腹侧面，肌腹呈卵圆形，以 2 个腱膜止于跟腱和胫骨前缘的内侧面。在后者止点下方有一滑膜囊。

4. 股前肌　见图 1-67、图 1-68。

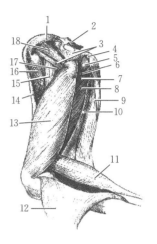

图 1-67　骨盆和股部浅层肌（左外侧面）
1. 臀中肌　2. 梨状肌　3. 臀股二头肌的臀浅部
4. 孖肌　5. 臀股二头肌的股二头肌部
6. 臀股二头肌的臀浅部与股二头肌部愈合的腱
7. 半腱肌　8. 臀股二头肌　9. 股外侧肌
10. 股直肌　11. 阔筋膜张肌　12. 髋关节
（资料来源：雷治海，《骆驼解剖学》，2002）

图 1-68　骨盆和股部深层肌（左外侧面）
1. 臀中肌（断端）　2. 臀股二头肌的臀浅部
3. 臀深肌　4. 臀股二头肌的股二头肌部　5. 孖肌
6. 闭孔外肌　7. 股方肌　8. 内收肌　9. 半膜肌
10. 半膜肌　11. 腓肠肌外侧头　12. 臀股二头肌（附着处）
13. 股外侧肌　14. 弹性层　15. 股直肌
16. 阔筋膜张肌　17. 髋关节肌　18. 臀副肌
（资料来源：雷治海，《骆驼解剖学》，2002）

（1）股四头肌　由 4 部分组成。

① 股外侧肌　发达，在髋骨与髌骨之间的中部与股直肌融合，在两肌之间形成一纤维缝。该肌起始于大转子的外侧面，覆盖臀深肌和臀中肌的止点，止于髌骨近端凸面的外侧半。

② 股直肌　起点比其他家畜的更靠前，起始范围更大，起始于髂骨体的腹外侧缘，在髋关节肌附着处的前方。该肌在股中部与股外侧肌和股内侧肌融合，止于髌骨近端凸面的内侧面。

③ 股内侧肌　沿从股骨颈到股骨嵴末端的一条线起始于股骨的后内侧面。在后方，其侧面为耻骨肌，在前方，其深处为股中间肌。止于髌骨的内侧面。

④ 股中间肌　富含肌质，被股四头肌的其余 3 部分包裹，起始于股骨体的外侧面、前面和内侧面，止于髌骨底的近端表面，在股膝关节囊的上面。股四头肌表面的股内侧筋膜很发达，形成强大的筋膜带，越过股骨内侧上髁而附着于胫骨粗隆。

（2）阔筋膜张肌　呈三角形，始于髂骨翼和髋结节腹外侧面，形成股部的前缘。两侧均被覆一厚层黄色弹性结缔组织。三角形的尖伸达髋关节，其前缘达股骨中部。该肌覆盖股直肌的近侧部，向下延伸，在外侧借阔筋膜止于髌骨和胫骨粗隆，在内侧借股内侧筋膜附着于股骨上髁、髌骨和胫骨粗隆。

（3）髋关节肌　为带状肌，较发达，起始于髋臼前方的髂骨体，止于大转子下方股骨的前外侧面。附着于关节囊，可防止关节囊被夹伤。

5. 股内侧肌

（1）股薄肌　位于股部肌的最内侧，以宽大的弹性腱膜和位于耻骨下方的窄的前附着部起始于联合腱，后部薄而扁平，其前缘部分地覆盖位于其深面的前部，走向膝关节，这两部分融合，其总腱膜与缝匠肌的腱膜一起与股内筋膜和小腿筋膜融合，止于股骨内侧髁、胫骨前缘及来自半腱肌的腱带。

（2）缝匠肌　以两个头分别起始于腰小肌止点腱和髂筋膜，形成股三角的侧壁。股三角内有股血管和股神经通过。两头在股三角远端融合，呈带状走向远端，毗邻股薄肌，与股内侧筋膜融合附着于股骨内侧髁。

（3）耻骨肌　为纺锤形肌，起始于耻骨梳和耻骨前韧带，以沿着股骨嵴的腱膜止于小转子正下方及其远侧的股骨，在内收肌止点的内侧。

（4）内收肌　强大，起始于骨盆联合、骨盆下韧带及坐骨板上的三角区，止于转子下方股骨的后面，沿着股骨嵴向远端可达腘肌面。内收肌由短内收肌和大内收肌组成，两者部分愈合。短内收肌小，位于耻骨肌正后方，起始于耻骨腹侧结节。大内收肌较大，形成该肌的大部分。

（5）孖肌　发达，起始于坐骨小切迹下方的坐骨体，止于转子窝。其后部特别显著，起始于荐结节韧带。闭孔内肌腱在该肌前、后两部之间形成一沟。

（6）股方肌　为带状肌，起始于坐骨板，止于大转子下方股骨的后面。

（7）闭孔内肌　与一般反刍动物的模式不同，骆驼有一块大的闭孔内肌，起始于髂骨体、闭孔环绕坐骨和耻骨的盆腔面，其腱穿过坐骨小切迹，在此处腱下有一大的滑膜囊，与孖肌共同止于转子窝。起于联合区的肌束覆盖闭孔及闭孔外肌的盆内部。

（8）闭孔外肌　起始于闭孔的盆内缘和盆外缘及联合线附近耻骨和坐骨的腹侧面，呈漏斗形，覆盖整个闭孔，止于孖肌远侧的转子窝。

（二）小腿及后脚部肌

1. 背外侧组　见图 1-69、图 1-70。

（1）第三腓骨肌　为小腿部最前面的肌肉，其强大的起始腱与趾长伸肌共同起始于股骨的伸肌窝，在胫骨的伸肌窝内其腱下有关节囊隐窝。在小腿近端，其肌腹与趾长伸肌的肌腹紧密融合，走向远端，又分开成为一扁平肌，覆盖趾长伸肌圆形的肌腹。在小腿远端，其腱与趾长伸肌腱和胫骨前肌腱一起被一斜行的环状韧带固定，并被一总的滑膜鞘包裹。在跗背侧面中部，其腱分为 3 支，止于：第 4 跗骨的外面，在腓骨长肌腱上方；第 2 和第 3 跗骨的背侧面和跖骨粗隆；第 2、第 3 跗骨的内侧面和第 3 跖骨的近端。

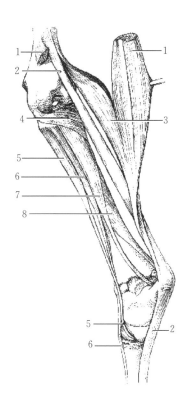
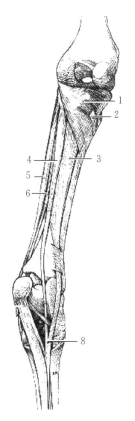

图 1-69　左小腿外侧肌
1. 腓肠肌外侧头　2. 趾浅屈肌　3. 腓肠肌内侧头
4. 腘肌　5. 腓骨长肌　6. 趾外侧伸肌
7. 趾长屈肌　8. 拇长屈肌和胫骨后肌
（资料来源：雷治海，《骆驼解剖学》，2002）

图 1-70　左小腿后内侧肌
1. 腘肌　2. 半腱肌止点　3. 拇长屈肌和胫骨后肌
4. 趾长屈肌　5. 腓骨长肌　6. 趾外侧伸肌
7. 跖侧长韧带　8. 趾深屈肌腱
（资料来源：雷治海，《骆驼解剖学》，2002）

　　（2）趾长伸肌　与第3腓骨肌共同起始于股骨的伸肌窝，在其起始腱下面有一大的关节囊隐窝。该肌在小腿近端位于第3腓骨肌深面，并与之融合，在小腿远端又与之分开，形成圆形肌腹，随后在跗关节上方几厘米处变为腱，在跗部有环状韧带固定，并与第3腓骨肌和胫骨前肌共同包裹在一总的滑膜鞘内。趾长伸肌腱位于第3腓骨肌外侧，并被第3腓骨肌外侧止点腱固定。趾长伸肌在小腿远端分为2支，内侧腱小，为趾内侧固有伸肌腱；外侧腱大，在系关节上方分叉，形成趾总伸肌腱。后者的每一支在关节囊上方止于近趾节骨远侧面，而趾内、外侧固有伸肌腱止于其远轴侧面（与前肢相比而言）。

　　在近趾节骨中部，趾固有伸肌发出一远跖侧支，止于近趾节骨远侧的远轴侧。在跖部上1/3处，趾总伸肌腱与趾外侧伸肌腱借筋膜相连，向下可达系部。

　　（3）胫骨前肌　位于小腿部最前面肌肉的最深层，为富含肌质的扇形肌，起始于胫骨近端外侧面，位于第3腓骨肌和趾长伸肌总起点的下方，且在其前面可以看见一部分。在小腿中部，逐渐变细成为腱；在小腿远端，与第3腓骨肌和趾长伸肌一起包裹在总滑膜鞘内。胫骨前肌腱在第3腓骨肌腱内侧面出现，向内附着于第1跗骨和第3跖骨。在其止点腱下面有一滑膜囊。

（4）腓骨长肌　为一扁平的锥形肌，起始于胫骨外侧髁边缘，其前方为融合的第3腓骨肌和趾长伸肌，后方为趾长屈肌。它几乎完全覆盖趾外侧伸肌。约在小腿中部，腓骨长肌变成一细腱，与趾外侧伸肌腱一起伸过踝骨，并被一环状韧带所固定。每一腱均有一滑膜鞘。该腱继续走向远端，然后在侧副韧带下方突然转向跖侧，经关节腔通过第4跗骨表面的沟，止于第1跗骨。

（5）趾外侧伸肌　纤细，起始于胫骨外侧凸缘的外侧髁下方的凹区，此肌腱位于腓骨长肌腱后方，并与其伴行至踝骨处，然后穿过其深面而达跗骨背面。在跗部上1/4，趾外侧伸肌腱沿趾总伸肌腱外侧缘行向远端，并借筋膜与后者相连。止于近趾节骨的远端轴侧面。

（6）趾短伸肌　位于跗骨下方趾长伸肌与趾外侧伸肌之间的夹角内，起始于跗背侧面的纤维体，附着于趾长伸肌外侧面。

2. 跖侧组

（1）腓肠肌　起点被股后肌所覆盖，分外侧头和内侧头。外侧头内侧面有趾浅屈肌腱形成的压沟，起始于外侧髁上结节近下方的凹陷及腘肌面外侧缘。内侧头较大，在半腱肌止点近后方起始于腘肌面的内侧缘。内、外侧头在股胫关节处沿其后缘融合，在小腿上1/3末端变为肌腱。止点腱绕趾浅屈肌从内侧转向外侧，止于跟结节近侧面。趾浅屈肌跟骨囊大，位于腓肠肌与趾浅屈肌止点之间。跟腱囊小，位于跟骨与腓肠肌止点之间。

（2）趾浅屈肌　几乎全部为腱质，仅在其前面近侧1/3含有少量肌纤维。起始于外侧髁上粗隆，并与腓肠肌外侧头相连。腓肠肌的两个头完全覆盖其近端。趾浅屈肌和腓肠肌与来自臀股二头肌、股薄肌和半腱肌的筋膜带共同形成跟腱。趾浅屈肌绕腓肠肌腱转向内侧面而达跟结节的后面，两肌腱之间有一大的滑膜囊。此后，趾浅屈肌腱沿跟骨后面下行，其远端的行走方向与前肢同名肌的相似。

（3）趾深屈肌　由趾长屈肌（内侧头）、拇长屈肌（外侧深头）和胫骨后肌（外侧浅头）组成，后两肌几乎完全愈合。趾长屈肌腱在跗骨的远内侧面与其余两肌的总腱相汇合后伸达跖侧长韧带的内侧面和骨间中肌的跖侧面，并与前肢同名肌的一样，在趾浅屈肌覆盖下走向远端。

趾长屈肌起始于胫骨外侧髁的后外侧缘，覆盖拇长屈肌的外侧面，其前外侧为趾外侧伸肌，在小腿中部变成腱。在跗内侧面，其腱被屈肌支持带所固定，并有滑膜鞘包裹。趾长肌以后并入其余两部分的总腱，共同形成趾深屈肌腱。

拇长屈肌和胫骨后肌两头愈合，在腘肌远外侧以肌质起始于胫骨后面，在小腿远侧1/3，两腱分开，代表两个不同的部分。两腱被一宽大的环行纤维带所固定，并有滑膜鞘包裹。在内侧踝处其腱下还有一滑膜囊。随后在跗内侧面斜行一段后并入长头，形成趾深屈肌腱，在跗近侧有滑膜鞘包裹。

（4）腘肌　以强腱起始于股骨的腘肌窝，经过外侧半月板的后外侧面，在趾深屈肌近侧止于胫骨后外面。

（5）骨间中肌　起始于跖侧长韧带和跖骨近端跖侧面，外侧比内侧发达，远端行径与前肢同名肌的相似。

被皮包括皮肤和由皮肤演化而来的特殊器官，如蹄、皮脂腺、汗腺、枕颈腺、乳腺和毛等，后者称为皮肤的衍生物。乳腺、皮脂腺、汗腺和枕颈腺称为皮肤腺。双峰驼有两层皮毛，一层是温暖的内层绒毛，另一层是粗糙的长毛外皮，两层皮毛会混合成团状脱落，可以收集并分离加工。

第一节　皮　　肤

骆驼的皮肤很厚，其构造与其他家畜的相似，分为表皮、真皮和皮下组织三层（图 2-1）。

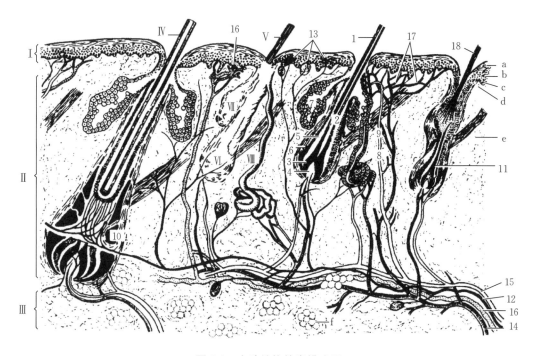

图 2-1　皮肤结构的半模式图

Ⅰ. 表皮　Ⅱ. 真皮　Ⅲ. 皮下组织　Ⅳ. 触毛　Ⅴ. 被毛　Ⅵ. 毛囊　Ⅶ. 皮脂腺　Ⅷ. 汗腺

1. 毛干　2. 毛根　3. 毛球　4. 毛乳头　5. 毛囊　6. 根鞘　7. 皮脂腺断面　8. 汗腺的断面

9. 竖毛肌　10. 毛囊内的血窦　11. 新毛　12. 神经　13. 皮肤的各种感受器　14. 动脉　15. 静脉

16. 淋巴管　17. 血管丛　18. 脱落的毛

a. 表皮角质层　b. 颗粒层　c. 生发层　d. 真皮乳头层　e. 网状层　f. 皮下组织内的脂肪组织

（资料来源：杨银凤，《家畜解剖学及组织胚胎学》，2011）

一、表皮

是皮肤的最外层，平均厚度为 0.76mm，分为角质层、颗粒层、透明层和生发层，透明层仅在无毛区的表皮中清楚。

二、真皮

是皮肤最厚的一层，平均厚度为 2.95mm，分为乳头层和网状层。乳头层薄，主要由细而密的胶原纤维组成。网状层厚，由较粗的纤维组成。

三、皮下组织

是皮肤以下的疏松结缔组织和脂肪组织，连接皮肤与肌肉，常称为浅筋膜。皮下组织有一定的可动性。

第二节　蹄和指（趾）枕

骆驼为团蹄动物，因适应在沙漠地面生活的条件，蹄部结构非常特殊，分为蹄和指（趾）枕两部分。

一、蹄

很小，似肉食动物的爪，位于第 3 指（趾）节骨的背面，作为骆驼卧下或站立时的支点。在沙漠地区活动的骆驼，蹄壁的底缘游离，弯向后下方，形成钩状蹄甲，在指（趾）着地时可伸入沙漠中，能固定指（趾）枕不向后滑动。

二、指（趾）枕

骆驼的指（趾）枕位于指（趾）部掌（跖）侧，即第 1 指（趾）节骨的下 1/2 及第 2 和第 3 指（趾）节骨的底面。第 3 和第 4 指（趾）完全融合，以扩大与地面的接触面积，使担负巨大体重的指（趾）部不至于陷入沙漠中。前肢的指（趾）枕较后肢的大而厚，以适应支持作用。指（趾）枕的结构与皮肤的一样，分为表皮层（角质层）、真皮层和皮下层，后者特别发达。表皮层覆盖于指（趾）枕的整个表面，周缘向上折转。折转部较柔软，以减少对皮肤的压迫。中线上有一相当于第 3 和第 4 指（趾）枕结合的纵沟。表皮层表面粗糙，有龟裂的鳞片，后部比较光滑平坦，深部有许多漏斗状小孔，以容纳指（趾）枕真皮层的针状小乳头。真皮层的表面有许多针状乳头，嵌入表皮层漏斗状的小孔中，表面中央有宽而浅的纵沟，与表皮层的纵沟相对应。纵沟的背侧有发达的指（趾）枕真皮中隔，使指（趾）枕与指（趾）部骨骼紧密结合，防止第 3 和第 4 指（趾）过度扩张。皮下层极为发达，构造也很特殊，后部厚，弹性组织发达，向前转变为 3 个柔软并富有弹性的纤维脂肪组织（驼蹄黄），呈椭圆形，中间的最大，外侧的最小，是指（趾）枕的缓冲装置。

第三节 皮 肤 腺

一、枕颈腺

枕颈腺也称项腺，仅为公驼所特有。枕颈腺位于枕骨嵴后第 1 颈椎两侧的皮肤内，如鸡蛋大小，所在处皮肤隆起，色黑，毛较稀疏。夏季换毛后该处的毛生长较慢，周围的毛生长较快，因此成为两个明显的椭圆形短毛区。初生公驼的腺体长 2～3cm，宽 1.52cm。4 岁公驼的腺体大小和机能因发情和发情程度的不同而有很大差别。不发情和发情不明显者腺体长 2～5.5cm，宽 1～3cm；发情旺盛者长 5.2～6.7cm，宽 2.8～5.5cm；成年发情公驼的长 8～10cm，宽 4～7cm；夏季不发情时长度缩小 15%～40%，而且稍变窄。腺组织主要由发达的汗腺和皮脂腺构成，许多排泄管开口于表皮毛簇之间的小孔中，发情季节排出棕黑色有异味的分泌物。

二、乳房

1. 形态结构 骆驼的乳房位于耻骨区，由 4 个乳丘组成，每个乳丘有 1 个乳头，乳头朝向前腹侧，每个乳头有 2 个乳头管，基部有 2 个乳池。前 2 个乳头的间距较宽，后 2 个乳头的较窄。乳房借乳房悬韧带、侧韧带、提乳房肌和皮肤固定。悬韧带即内侧板，由弹性组织构成，两侧的内侧板在中线相接，将乳房的左、右两半分开。内侧板起始于腹壁白线和耻前腱。乳房的外侧被覆有外侧板，外侧板起始于腹壁后部的腹黄膜。左、右乳房的前、后两部分用肉眼不能分开。

2. 血管（图 2-2）

(1) 动脉 来自阴部腹壁干的阴部外动脉穿过腹股沟管的内侧角到达与后乳头相对的乳房上方的结缔组织中。在腹股沟管内，该动脉位于阴部外静脉和淋巴管的前方；在腹股沟管外环平面分出 2 支：一支向前至大的乳房淋巴结；另一支向后，为乳房后动脉，至乳房后部和乳头，但主血管转向前方，在与前乳头相对处分出乳房前动脉，至乳房前部和乳头，动脉在皮肤下继续与胸浅静脉伴行成为腹壁后浅动脉。

(2) 静脉 胸浅静脉、阴部外静脉和阴部内静脉导引乳房的血液。导引乳房血液的静脉联合形成大的静脉管道，在前、后方向上穿过乳房。该静脉在前方延续为胸浅静脉，在后方注入阴部内静脉。尽管在静脉管道中存在瓣膜，但血液可双向流动。来自阴蒂、阴唇和会阴腹侧部的大静脉汇入此静脉管道。阴部外静脉小，主要导引乳房淋巴结的血液。乳房左、右两半之间有静脉支沟通。

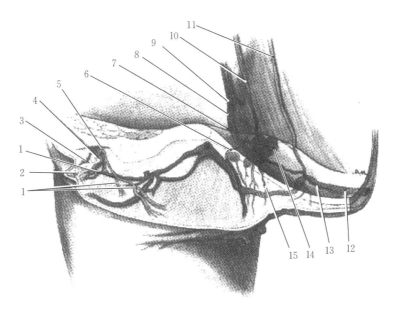

图 2-2　乳房的神经和血管（内侧面）

1. 乳房支　2. 阴蒂　3. 阴蒂背侧动脉　4. 阴部内动脉　5. 阴部神经　6. 乳房后动脉

7. 淋巴管　8. 阴部外静脉　9. 阴部外动脉　10. 生殖股神经的生殖支　11. 髂腹股沟神经

12. 胸浅静脉　13. 腹壁后浅静脉　14. 乳房淋巴结　15. 乳房前动脉

（资料来源：雷治海，《骆驼解剖学》，2001）

3. 神经支配　支配乳房的神经有以下 3 支。

（1）髂腹股沟神经　来自第 3 腰神经，在腹膜下走向腹侧，支配腹直肌，在乳房近前方距中线大约 50mm 处向浅层走出，在此处分支到周围皮肤，包括乳房和前乳头的前面。

（2）生殖股神经的生殖支　在股血管前方大约 30mm 处的腹膜下走向腹侧，在阴部外动脉前方穿过腹壁。由此处分出不同的分支供应乳腺组织和乳房皮肤，包括前乳头的后面。

（3）阴部神经的乳房支　在悬韧带内侧板的近外侧从坐骨弓走向前方，分布于乳房后面的皮肤。

4. 淋巴系　乳腺由广泛的淋巴管网导引入腹股沟浅淋巴结，即在乳房的后上方，称为乳房上淋巴结。

第三章

消化系统

CHAPTER 3

消化系统的主要功能是摄取食物、感受味觉、消化食物、吸收营养、排出废物。消化系统由消化管和消化腺组成。消化管为食物通过的管道，包括口腔、咽、食管、胃、肠。消化腺是分泌消化液的腺体，消化液中含有多种酶，在消化过程中起催化作用，包括壁内腺和壁外腺。壁内腺广泛分布于消化管的管壁内，如食管腺、胃腺、肠腺。壁外腺位于消化管外面，形成独立的器官以腺管通入消化管腔内，如唾液腺、肝和胰。

第一节 口　　腔

口腔为消化管的起始部，有采食、吮乳、泌涎、产生味觉、咀嚼、吞咽功能。前壁为唇，侧壁为颊，顶壁为硬腭，底壁为下颌和舌，前端经口裂与外界相通，后端与咽相连。口腔可分为口腔前庭和固有口腔两部分。口腔前庭是唇、颊和齿弓之间的空隙；固有口腔为齿弓以内的部分，舌位于固有口腔内。骆驼的口腔具有反刍动物的典型结构，便于有效地处理体积庞大的植物性饲料。

一、唇

唇分上唇和下唇。上、下唇游离缘共同形成口裂，口裂的两端汇合成口角。上、下唇均长，运动灵活，通常不闭合。长有触毛的上唇与兔的相似，正中有一唇裂（人中）。下唇松弛。唇主要由肌肉和唇腺构成，外面被覆皮肤，内面衬有黏膜。黏膜光滑，仅在口角长有锥状乳头，与颊黏膜的乳头连成一片。构成唇的肌肉有口轮匝肌和上、下切齿肌。鼻唇提肌、上唇提肌、颊肌浅层、颧肌和面皮肌也参与构成唇。唇腺成层位于黏膜下层和皮下，在口角与颊背侧腺和颊中间腺连成一片。

二、颊

颊构成口腔的侧壁，由口角伸至翼下颌襞（在最后臼齿后方连于上、下颌之间的黏膜襞），主要由颊肌和颊腺构成，外面被覆皮肤，内面衬有黏膜。黏膜上密布颊乳头，有的呈锥状，有的分支呈佛手状。下部的乳头较大，长1～2cm，前端、后端和上部的乳头较小，长0.5～1cm，数目也较少；最下方的一排乳头在下颌颊齿对面密集连成一条线。颊肌为构成颊的主要肌肉，其外侧还有颧肌和面皮肌。颊腺分为颊背侧腺、中间腺和腹侧腺。颊背侧腺和中间腺连成一片，淡黄色，位于颊肌浅层与黏膜之间，从口角伸至咬肌前缘，其前端在口角与唇腺相连。颊肌深层的肌束混杂于成层的腺体之间，腺体以多条腺管开口于口腔。在腮腺管末部背侧，有一狭窄的腺组织带于咬肌覆盖下，在上颌骨表面和颊肌臼齿部上方后行，在上颌结节上方增大形成致密的腺体，其内侧面为眶周脂肪，这一部分可看作是颧腺。颊腹侧腺密集于颊肌深层下缘后 2/3 的腹侧，新鲜状态为暗红色，呈等边三角形，三角形尖向前伸达口角，底位于咬肌前缘，大部分为颊肌浅层所覆盖，以多条腺管开口于大的锥状乳头基部。

三、硬腭

硬腭构成固有口腔的顶壁，长 25～30cm。前半部较窄，沿中线有一腭缝，每侧有 9～10 条腭褶，前部腭褶呈 V 形，后部腭褶为不规则的横褶，腭褶游离缘有小的突起。硬腭后半部较宽，位于左、右颊齿之间，无腭缝和腭褶，仅其两侧在前 3 个颊齿附近各长有 15～20 个突起；前方的突起较大，后方的突起较小。硬腭位于犬齿以前的部分无腭褶，但生有长而密集的小突起，黏膜上皮高度角化，形成粗糙的齿枕；其余部分的黏膜上皮角化程度较低。切齿骨体及其腭突、上颌骨的腭突和腭骨的水平部构成硬腭的骨质基础。在硬腭的后半部，骨与黏膜之间为一厚层腭腺；在硬腭的前半部则为一厚层静脉管丛；在齿枕则为一厚层致密结缔组织。齿枕后缘中线有切齿乳头，其两侧无可见的切齿管孔。

四、舌

舌分为舌尖、舌体和舌根 3 部分。舌体宽，舌尖变窄，整个舌呈刮刀形，舌体背侧面后半部隆起，为舌圆枕，其近前方有明显的舌窝，新生驼无舌窝。舌尖腹侧后部借舌系带与口腔底壁相连，前部腹侧有正中纤维索，距舌尖端 20～30mm，向后伸达舌系带平面，舌尖背侧有一正中沟（图 3-1）。

舌由肌肉和黏膜组成。舌的肌肉属于横纹肌，可分为舌内肌和舌外肌两组。舌内肌的起止点都在舌内，由纵、横和垂直 3 种肌束组成。舌外肌很多，起于舌骨或下颌骨，而止于舌内。由于两组舌肌的肌束在舌内呈不同方向相互交织，所以使舌

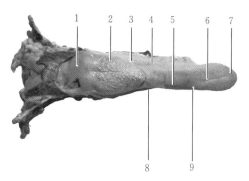

图 3-1 舌
1. 舌根 2. 轮廓乳头 3. 豆状乳头 4. 菌状乳头
5. 舌体 6. 正中裂 7. 舌尖 8. 锥状乳头 9. 丝状乳头
（资料来源：任宏，2019）

的运动非常灵活。舌腹侧面和腹外侧缘黏膜薄而细，舌背和侧缘黏膜厚而粗糙，分布有舌乳头。舌乳头分为丝状乳头、豆状乳头、锥状乳头、菌状乳头和轮廓乳头，前三者为机械性乳头，后两者为味觉乳头，含有味蕾，可感受味道。骆驼无叶状乳头。

（一）丝状乳头

小，密如绒毛，分布于舌尖和舌体，乳头尖端朝向后，舌圆枕以前的丝状乳头角

化程度较高，舌根背侧的丝状乳头长而软。

（二）豆状乳头和锥状乳头

位于舌圆枕，大小不一，豆状乳头呈扁平的卵圆形。锥状乳头呈锥形，位于舌圆枕前部的尖端向前，位于舌圆枕后部的尖端向后。舌体两侧缘也有锥状乳头，排成一列。其中，有的乳头分成数支。

（三）菌状乳头

呈大头针帽状，大小为 1～4mm，部分散在于舌尖和舌体背侧面的丝状乳头之间，部分分布于舌尖腹侧面的边缘。

（四）轮廓乳头

呈圆形或卵圆形，周围有沟，位于舌圆枕外侧缘，排成一列，每侧各有 3～6 个，大的直径为 0.5～2cm，小的直径为 0.2～0.3cm。

在舌圆枕和舌根部黏膜下，舌腺密集成层，与舌下腺连成一片。在舌根部背面有许多舌淋巴滤泡。

五、口腔底

口腔底大部分被舌所占据，仅前部由下颌骨切齿部组成，表面被覆黏膜，大约在舌系带前方 2mm 处有下颌腺管开口。舌下阜为下颌腺管开口周围略隆起的区域。口腔底前部无可探知的口底器开口。

六、齿

骆驼的齿属长冠齿，齿冠随年龄增长而不断磨损，也不断自齿槽中长出。齿分为切齿、犬齿和臼齿；臼齿又分为前臼齿和后臼齿。上颌有切齿 1 对，犬齿 1 对，狼齿 1 对，前臼齿 2 对，后臼齿 3 对。下颌有切齿 3 对，犬齿 1 对，狼齿 1 对，前臼齿 2 对，后臼齿 3 对。骆驼齿与其他反刍动物齿模式最大的区别是上颌有 1 对切齿，上、下颌各有 1 对犬齿。

上颌切齿，公驼的大，形似犬齿状，在犬齿之前位于齿枕两侧；母驼的较小，有时缺。上颌切齿在 9 岁时最长。下颌切齿为单形齿，齿冠前后压扁，呈楔形，无齿坎。在青年驼，几乎呈水平方向从下颌齿槽长出，但随年龄增长而逐渐变为垂直向。犬齿发达，位于齿槽间缘前端，母驼的较小。狼齿呈犬齿状，较犬齿小，位于齿槽间缘中部，距犬齿 20mm，距第 2 前臼齿 60mm，有的骆驼仅一侧有狼齿从齿槽中长出。母驼的较小，有时缺（图 3-2、图 3-3）。

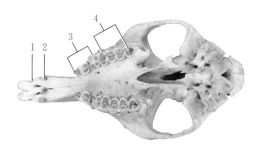
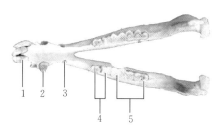

图 3-2　母驼上颌齿式
1. 切齿　2. 犬齿　3. 前白齿　4. 后白齿
（资料来源：任宏，2019）

图 3-3　公驼下颌齿式（部分牙齿缺失）
1. 切齿　2. 犬齿　3. 狼齿　4. 前白齿　5. 后白齿
（资料来源：任宏，2019）

七、唾液腺

为口腔里分泌唾液的所有腺体，如唇腺、舌腺、腭腺、颊腺、腮腺、下颌腺和舌下腺。现着重介绍腮腺、下颌腺、舌下腺。

（一）腮腺

是最大的唾液腺，略呈四边形，在耳郭腹侧位于下颌骨支后缘与寰椎翼之间，呈暗灰红色，分叶明显，长 12～15cm、宽 10～12cm、厚 2～3cm、重 85～170g。上端形成一半环形压迹包围耳郭基部，下端位于颈静脉分叉的夹角内，外侧面略呈枫叶形，为面皮肌和腮耳肌所覆盖；内侧面凹凸不平，与咬肌、颞下颌关节、胸头肌止点腱、下颌腺、上颌静脉、颈外动脉等相接触，耳静脉和面神经及其分支颊背侧神经、颊腹侧神经、耳睑神经从腮腺之中穿过。腮腺管起始于腮腺前缘中部，由 3～6 条排泄管汇合而成，由此向前行经咬肌外侧面、颊背侧腺后端外侧面和颊肌浅层与深层之间，在颊肌深层上缘穿过颊黏膜，开口于与第 2 上颊齿相对的腮腺乳头上。

（二）下颌腺

略呈三角形，黄色，在腮腺内侧位于寰椎翼、二腹肌后腹与颈静脉所构成的三角形空隙中，长 8～10cm、宽 6～7cm、厚约 3cm、重约 5985g。前为茎突舌骨和二腹肌后腹，后为寰椎翼、头斜肌、寰最长肌、头长肌等；腹侧为颈静脉；外侧为腮腺、胸头肌止点腱和上颌静脉；内侧为咽、颈总动脉及其分支颈外动脉、颈内动脉、咽后淋巴结、迷走神经及其咽支和喉前神经、颈前神经节等。下颌腺管自腺体前缘下 1/3 走出，向前向下，斜经二腹肌中间腱外侧面，顺次沿二腹肌前腹上缘与翼内侧肌之间、茎突舌肌外侧面、舌下腺下缘和舌系带下缘向前延伸，在舌系带前方约 20mm 处，开口于口腔底。

（三）舌下腺

淡黄色，窄而长，在下颌骨内侧、茎突舌肌背侧位于口腔黏膜与下颌舌骨肌之间，

第三章　消化系统

长约 20cm，前端达下颌骨联合，后端达齿槽缘后缘，许多腺管在舌下外侧隐窝内的乳头之中开口于口腔底。骆驼的舌下腺为短管舌下腺，有 15～20 条排泄管。

第二节　咽

骆驼的咽与其他反刍动物的不同，咽较长，向后可达第 1 颈椎。咽位于颈前端，为消化管与呼吸道交叉的部分，前部大，后部小，长约 18cm、宽约 5cm、深约 8cm。背侧为颅底和寰椎，两侧为翼内侧肌、翼外侧肌、茎突舌骨、茎突舌骨肌、二腹肌、下颌腺、咽后淋巴结和一些血管神经。舌根和喉形成咽的腹侧壁。咽向前通口腔和鼻腔，向后通食管，向腹侧通喉，两侧通咽鼓管。咽腔分 3 部分，其前部被软腭分为上、下两部分，上部为鼻咽部，下部为口咽部，咽后部为喉咽部。

鼻咽部位于口咽部背侧，从鼻后孔伸至咽内口，黏膜部分含有色素；其顶壁即咽穹隆，凹，被一新月形的横嵴分为前、后两室。横嵴位于会厌尖平面，宽约 5cm，凸缘附着于咽顶壁和两侧壁，凹缘游离面向前下方。此嵴内含寰咽肌的前部。咽鼓管咽口靠近此嵴，开口于前室的外侧壁，此咽口由一半月形裂隙组成，部分被一低的黏膜褶所覆盖。双峰驼后室被一新月形的咽后褶分为上、下两部，咽后褶的凸缘附着于咽后壁和两侧壁，凹缘游离面向前方。咽腔位于此褶背侧的部分为咽隐窝，深约 6cm。后室的顶借寰咽肌的后肌束附着于寰枕关节囊。在后腹侧，鼻咽部经咽内口与喉咽部相通。喉咽部为口咽部的后延，从会厌基部的梨状隐窝伸至环状软骨平面，包括喉的前部和食管前庭，后者借一 V 形黏膜褶与食管固有部分开，此褶标志腭咽弓附着处。

口咽部位于软腭与舌根之间，也称咽峡，从腭舌弓伸至会厌基部，前端两侧为腭舌弓，围成咽门，与口腔相通。咽外侧壁含有腭扁桃体，位于腭憩室后方，略呈椭圆形，其表面现有若干小凸起，一些个体可见散在的淋巴小结。

软腭为咽前部含有肌肉和腺体的黏膜褶，从硬腭后端向后经会厌上方伸至勺状软骨平面。在所有家畜中，骆驼的软腭最长，成年单峰驼的软腭平均长约 16cm，双峰驼的长约 13cm、宽约 5cm，前缘与硬腭相连，后缘凹而游离，形成腭弓，两侧缘与咽外侧壁相连续，形成 1 对腭咽弓，沿咽外侧壁向后延伸，并在咽后壁、食管口背侧与对侧者相连，在食管前庭顶壁形成一 V 形黏膜襞。腭弓和腭咽弓围成卵圆形的咽内口，长 5cm、宽约 4cm。软腭两侧形成 1 对黏膜襞与舌根侧缘相连，称腭舌弓。

软腭由肌肉、黏膜和腺体组成。参与构成软腭的肌肉有腭肌、腭帆张肌和腭帆提肌。黏膜覆盖于软腭表面。软腭中含有腭腺，在软腭腹侧侧面黏膜与肌层之间聚集形成一厚层，与硬腭中的腭腺连成一片，且在上颌齿槽缘后端与颊背侧腺相连。在软腭背侧面黏膜下，也有腺体，但较少，分散不成层。软腭腹侧面含有单个的淋巴小结。

腭憩室为软腭腹侧正中平面近起始处独特且可扩张的憩室。公驼的比母驼的发达。在配种季节,可见从内部充气,自公驼的口腔向外突出。此行为伴有"汩汩"声,颈腹侧区似乎也充气膨大。腭憩室由疏松结缔组织和被覆黏膜的黏膜腺组成,可能含有色素。一黏膜褶从舌根两侧向背后方延伸,在背侧中线两侧形成一半月形褶,两褶在背侧相遇,继续向后行形成略呈三角形的软腭膨大,尖朝向后,在其两侧各形成一半月形窝。研究憩室扩张机制的人员对其很感兴趣。最符合逻辑的解释是:由胃嗳出的气体被迫进入肺,来自肺的气体被迫进入口咽部,而使软腭提起和鼻咽部入口被封闭。通过紧紧关闭鼻孔和经气管吹气,造成了憩室的扩张。

咽壁主要由咽肌所构成,外面覆盖咽筋膜,内面衬有黏膜。咽筋膜自上颌结节和下颌骨齿槽缘后端向后伸展,附着于翼骨、岩骨肌突、茎突舌骨、甲状舌骨和甲状软骨,形成咽壁的最外层。其位于茎突舌骨前上方的部分较厚,且形成鞘管分别围于腭帆张肌和腭帆提肌之外;位于茎突舌骨后下方的部分较薄,覆盖于咽壁肌层表面。构成咽壁的肌肉有腭咽肌、翼咽肌、舌骨咽肌、茎突咽肌、甲咽肌、环咽肌、寰咽肌和腭肌。

第三节　食　　管

食管长约 170cm,口径约 4cm,其末段稍微扩大,口径约 5cm;前端在第 2 颈椎腹侧与咽相连,起始于食管前庭和标志腭咽弓末端的背侧 V 形褶,后端在第 9 胸椎下方 10～12cm 处穿过膈的食管裂孔与胃相连,食管分颈部和胸部两段。颈部长约 106cm,在由颈椎、颈横突间肌和斜角肌所构成的颈沟中沿气管背侧向后延伸,在颈中部以后逐渐向中线左侧移动,在胸腔入口则位于气管左侧或左背侧。在第 5 颈椎以前的部分,食管腹侧为气管,背侧为颈长肌,左右两侧为颈总动脉、颈静脉和迷走交感干。在第 6 颈椎以后的部分,背侧为颈长肌,腹侧为颈总动脉干、前腔静脉、左颈静脉、左颈总动脉、胸头肌和胸骨甲状舌骨肌,左侧为左迷走交感干、斜角肌和臂神经丛,右侧为气管、右颈总动脉、右颈静脉和右迷走交感干。胸部食管长约 64cm,其前端在胸腔入口位于气管左(背)侧,由此向后在胸纵隔中延伸,由气管左(背)侧逐渐移至气管末端的背侧,以后则在两肺之间沿中线向后延伸,其背侧毗邻纵隔后淋巴结。

第四节　胃

骆驼的胃与牛、羊典型的反刍动物的胃形状和结构差异很大,关于骆驼胃的分室以及与牛、羊各胃室的一致性,长期以来一直有不同的观点。甘肃农业大学兽医教研室(1977)认为,我国双峰驼的胃分为前胃和皱胃,前胃又以室间沟分为第 1 室和第 2 室。皱胃又分为前膨大、胃体和后膨大。Daubenton(1927)和 Knox(1831)认为,骆驼的胃由瘤胃、水囊、网胃、瓣胃和皱胃5部分组成，瘤胃相当于上述前胃第1室；水囊为第2室，牛、羊无；网胃为前膨大具有网状黏膜褶的部分；瓣胃为前膨大和胃体具有纵行黏膜褶的部分；皱胃为后膨大黏膜较厚的部分。Brandt（1941）、Cordier（1894）和Mclntosh（1930）认为骆驼的胃有三室，分别相当于牛羊的瘤胃、网胃和皱胃。Leshre（1903）也认为骆驼的前胃第1室、第2室和皱胃分别相当于牛、羊的瘤胃、网胃和皱胃。Cuvier（1805）、Mayer（184）、Boas（1890）、De la Vega（1950）、Hegazi（1950）、Purohit和Rathor（1962）将骆驼的皱胃分为瓣胃和皱胃。Hansen和Schmidt-Nielsen（1957）、Bohklen（1962）将骆驼的胃分为瘤胃、网胃、瓣胃和皱胃。Smuts和Bezuidenhout（1987）在其专著《单峰驼解剖学》中也将骆驼的胃分为瘤胃、网胃、瓣胃和皱胃。但是，甘肃农业大学长期从事骆驼解剖学研究的专家认为，为了强调骆驼胃分室与牛羊胃分室的一致性而认为骆驼前胃的第1室和第2室分别相当于牛羊的瘤胃和网胃，或认为骆驼皱胃前膨大具有网状黏膜褶的部分为网胃，前膨大和胃体具有纵行黏膜褶的部分为瓣胃，都是不妥当的。理由是：第一，骆驼前胃第1室和第2室各相应部分的黏膜是相同的，都有腺囊区，腺囊的上皮都是腺上皮，腺囊以外的黏膜上皮呈灰白色，角化，都与食管的上皮相同。故骆驼前胃第1室和第2室为1个胃的2个室而不是2个不同的胃。第二，牛羊瘤胃黏膜呈深褐色，有无数乳头，无腺囊区，与骆驼前胃第1室的黏膜无共同点。牛羊网胃呈深褐色，有网状褶，无腺囊区，与骆驼前胃第2室的黏膜无共同点。故认为骆驼前胃第1室和第2室分别相当于牛羊的瘤胃和网胃是没有令人信服的证据的。第三，牛羊网胃和瓣胃的黏膜上皮均角化，而骆驼皱胃的黏膜上皮为腺上皮，不角化，两者性质不同，不可单从形式上认为骆驼皱胃具有黏膜呈网状褶的部分为网胃和具有黏膜呈纵行褶的部分为瓣胃。

一、胃

骆驼胃分为前胃和皱胃。前胃又以室间沟分为第1室和第2室，分别相当于瘤胃和网胃。皱胃又分为前膨大、胃体和后膨大，前膨大和胃体相当于瓣胃，后膨大相当于皱胃。

（一）胃的外部形态和位置

1. 前胃

（1）前胃第1室　即瘤胃，大，略呈椭圆形，具有前端、后端、左侧面、右侧面、侧缘和腹侧缘。容积50～70L，位于左右季肋部、剑状软骨部、腰部、脐部和左右髂部，大部分位于中线右侧。前端抵膈和肝，体表投影约与第6肋相对，后端在脐部和腰部，约位于第6腰椎下方，后方为空肠和结肠终袢，背侧为膈、肝、十二指肠、结肠终袢、胰、脾、右肾、左右肾上腺、主动脉、后腔静脉、门静脉等，腹侧为腹底壁、结肠旋袢、空肠、回肠和盲肠。左侧为膈、左侧腹壁和结肠旋袢，右侧为肝、前胃第2

室、皱胃、空肠、小网膜和大网膜。背侧缘在第 8 胸椎至第 2 腰椎下方借胃膈韧带附着于膈右脚，贲门（cardia）在第 10 胸椎下方 10~12cm 处，位于膈食管裂孔的后下方，右侧面和腹侧面有一横沟。横沟上端位于贲门之前，由此向后下方伸延，绕过腹侧面达于左侧面，第 1 室位于横沟后上方的部分为后背侧囊，位于横沟前下方的部分为前腹侧囊，横沟在第 1 室右侧面中部与室间沟相交，在胎儿和幼驼较明显，在成年驼和老年驼，由于第 2 室的左侧壁上部与第 1 室前腹侧囊的右侧壁结合在一起，横沟在第 1 室右侧面位于室间沟以前的一段为第 2 室的左侧壁所覆盖，但在第 1 室内面可见有与此段相应的肉柱（横褶肉柱的前支）。在前腹侧囊尚有一小沟，横过前腹侧囊前上缘，在左侧面上 1/3 区向后下方延伸。前腹侧囊前端下 2/3 段和腹侧面呈带状隆起，为前腺囊区所在地，表面凹凸不平，为腺囊底向表面微凸所致。后背侧囊沿横沟一带呈舟状隆起或呈袋状垂于前腹侧囊右侧，为后腺囊区所在地，表面凹凸不平，为腺囊底凸出于表面所致。

（2）前胃第 2 室　即网胃，略呈蚕豆形，位于第 1 室前腹侧囊右侧，背侧缘略凹为小弯，腹侧缘凸为大弯，后端借室间沟与第 1 室分开，前端与胃颈相连，容积约 2L。背侧为肝，腹侧为皱胃体，前为皱胃前膨大，后为皱胃后膨大和前胃后腺囊区，左侧为前胃前腹侧囊，右侧为肝和小网膜。室间沟呈环状，位于前胃第 1 室和第 2 室之间，其靠近第 1 室前腹侧囊的一段与第 1 室的横沟相交，在成年驼，由于第 2 室的左侧壁上部与第 1 室前腹侧囊的右侧壁结合在一起，室间沟在第 2 室后端左侧位于横沟以上一段的沟底向前移，以致前胃分为两室的现象变得不明显，这一段室间沟也容易被误认为是横沟的一部分。但在前胃内面与室间沟这一段相应的肉柱（横褶肉柱的后支）尚保留其原来的位置关系不变，因而前胃分为两室的现象也较明显。前胃出口在第 9 胸椎下方约 20cm 处右膈脚下面，与胃颈相连。

2. 皱胃　略呈弯曲蚕状，凹缘向上，为胃小弯，凸缘向下，为胃大弯，前部和后部分别膨大，称为前膨大和后膨大，中部较小，呈圆柱状，为胃体，起始端为胃颈，末端为幽门，容积 4~6L。皱胃主要位于右季肋部，前膨大有一部分位于左季肋部，后膨大常伸入右髂部，胃体有时有一部分进入右髂部或剑状软骨部，左侧为前胃第 1 室，右侧为肝、膈和右侧腹壁。前膨大之前为肝和膈，后为前胃第 2 室。后膨大之后和后上方为空肠，前为前胃第 2 室，背侧为十二指肠膨大部。胃体背侧为前胃第 2 室和小网膜，腹侧前部为前胃前腺囊区，后部为腹底壁。但前腺囊区常伸入胃体后部与腹底壁之间。胃颈呈管状，长 11~12cm，口径 3~4cm，在第 7~8 胸椎下方 14~18cm 处、膈前下方，由前膨大向后上方伸延，与前胃出口相连。幽门在肝方叶内侧与十二指肠膨大部相连，其在体表的投影与第 11~12 肋中部相对。

（二）胃的内部结构

1. 前胃　前胃内面有食管沟、腺囊区、室间孔和与外面的沟相对应的胃壁褶。腺囊区有 3 个：第 1 个位于第 1 室前腹侧囊，为前腺囊区；第 2 个位于后背侧囊，为后腺囊区；第 3 个位于第 2 室，为第 3 腺囊区。前胃黏膜，除衬于腺囊内面的以外，与食管黏膜相似，色灰白而粗糙，无绒毛，由于肌层收缩而呈现许多小黏膜褶。这些黏膜褶可随胃充满食物扩张而消失。

与横沟相对应的胃壁褶为横褶，其游离缘由于含有粗大的平滑肌束而增厚形成肉柱。横褶肉柱的前端分为前、后两支。后支循顺时针方向绕室间孔伸延形成室间孔的前缘和上缘。其所在的胃壁褶为与室间沟相对应的室间褶位于横褶以上的一段。在成年驼和老年驼，这一段室间褶及向下延续并与横褶相交的一小段，由于第 2 室左侧壁与第 1 室右侧壁结合在一起，室间沟底向前移而趋于消失。前支在前胃第 1 室右侧壁循横褶肉柱的方向继续伸延达于贲门之间，为位于室间褶以前那段横褶的肉柱。横褶肉柱及其前支为前腹侧囊和后背侧囊在第 1 室内面的分界线。

前腺囊区位于第 1 室前腹侧囊前端下 2/3 段和腹侧缘，略呈袋状，长 65～80cm，宽 10～12cm。腺囊区的黏膜形成一些横行和纵行的皱褶。横行的黏膜褶 20～25 条，略呈新月形，横过整个腺囊区，并以前腹侧囊的中心为中心呈辐射状排列，凹缘游离，凸缘附着于胃壁。游离缘含有粗大的平滑肌束。肌束直径 0.1～0.2cm，为胃壁内肌层的肌纤维聚集而形成。纵行的黏膜褶短而薄，连于横褶之间。连于每两相邻横褶之间的纵褶一般为 4 条。横行和纵行的黏膜褶都含有来自胃壁外肌层的平滑肌，由胃壁伸达于游离缘。腺囊区被这些横行和纵行的黏膜褶分为 65～75 个腺囊。腺囊下部大，上部小。腺囊口的面积（2.5～4）cm×（2～3）cm。腺囊区中部的腺囊深 3～5cm，两侧的深 1～2cm。有虹膜状的黏膜褶覆盖于腺囊口。约有 1/5 的腺囊囊底有较低的黏膜褶，囊底被它们分为 2～4 区。腺囊壁上部包括囊口及附着于其上的虹膜状褶的黏膜，呈灰白色，粗糙，与前胃非腺囊区的黏膜相同。腺囊壁下部包括腺囊底及囊底上的黏膜褶的黏膜呈灰黄色，柔腻，与皱胃的黏膜相似。

后腺囊区在横褶肉柱右侧，位于第 1 室后背侧囊，为一椭圆形凹面，长 50～70cm，宽 25～35cm。其腹侧部分在第 2 室之后，常呈囊状下垂，位于前腹侧囊右侧。腺囊区的黏膜也形成一些横行和纵行的皱褶，基本上与前腺囊区的相同。横行的黏膜 10～12 条，略呈新月形，横过整个腺囊区，游离缘肌束直径 0.5～1.0cm，连于每两相邻横褶之间的纵褶一般为 5～6 条。腺囊区被这些横行和纵行的黏膜褶分为 60～70 个腺囊。囊口的面积为（4～5）cm×（2～4）cm。靠近横褶肉柱的一列腺囊较大。腺囊也为虹膜状的黏膜褶所覆盖。

第 3 腺囊区位于第 2 室，为一椭圆形凹面，长 35～45cm，宽 15～25cm，前端在前胃出口处与胃颈的贲门腺区相连，后端在室间孔与后腺囊区相连。此腺囊区的黏膜也形成一些横行和纵行的皱褶，基本上与前腺囊区和后腺囊区的相同。但腺囊较小，且被较多的小黏膜褶分为若干小腺囊。腺囊区前半部的横行黏膜褶是依血管分支分布的情况排列的，在中部的互相平行，在两侧的不平行。腺囊区后半部的横行黏膜褶与前腺囊区和后腺囊区的相似，横过整个腺囊区，并与本腺囊区前半部中部的横褶平行。此等互相平行的横行黏膜褶包括腺囊区前半部中间部分的和腺囊区后半部的共 12～14 条，略呈新月形，以第 2 室入口为中心呈辐射状排列，凹缘游离，凸缘附着于胃壁。游离缘肌束直径 0.4～0.8cm；在腺囊区中部连于每两相邻横褶之间的纵褶为 14～16

条，在腺囊区两端有 3～5 条。腺囊区被这些横行和纵行的黏膜褶分为 140～160 个腺囊。腺囊口的面积（2～3）cm×（1～1.5）cm。在腺囊区中部的腺囊深 4～5cm，在外周部分的深 1～2cm。腺囊口无虹膜状黏膜褶。腺囊底有若干高低不一且可分为二级、三级和四级的黏膜褶。这些黏膜褶互相连接，并与囊壁相连，致使每一腺囊被这些高低不一的黏膜褶分为若干小腺囊。腺囊壁包括腺囊的各级黏膜褶，都含有来自胃壁外肌层的平滑肌，由胃壁伸达于游离缘。

网胃沟也称食管沟，连于贲门与胃颈之间，长 40～45cm，宽 2～2.5cm，可分为两段。第 1 段在第 1 室前腹侧囊右侧壁自贲门向后向下延伸，绕过横褶肉柱的后支延续为第 2 段。第 2 段较长，在第 2 室左侧壁沿室小弯向后延伸达于胃颈。网胃沟由上唇、下唇和沟底组成。上唇中含有来自胃壁内肌层的平滑肌。下唇不明显，而上唇很宽足以盖住沟底，其起始端围绕贲门，末端围绕前胃出口。网胃沟从贲门延伸至胃颈的过程中，沟底与唇不发生互相扭转。

2. 皱胃　皱胃黏膜除位于胃颈背侧壁的黏膜与网胃沟的相同以外，均柔软滑腻。位于胃体、前膨大和胃颈腹侧壁和左右两侧壁的黏膜，其面积占总面积的 73%～84%，薄而呈灰黄色，并折成若干皱褶。在前膨大和胃体的黏膜褶薄而纵行，40～60 条，宽 1.5～1.8cm，长短不一，沿胃大弯伸延的长 80～100cm，沿胃小弯伸延的长 25～50cm，沿两侧壁延伸的长度介于两者之间。在胃颈左右两侧壁和腹侧壁、前膨大起始端和胃小弯起始端的黏膜褶薄而低，且互相连接呈网状。网眼为不规则多边形，面积为 1～2cm^2。在胃颈的网眼较小；在胃小弯的网眼呈长方形，且较大。位于胃后膨大胃大弯及其两侧的黏膜，其面积占总面积的 11%～20%，厚而呈灰褐色，并褶成 14～21 条宽 1～2cm 的黏膜褶，自幽门向胃体呈扇形展开。褶顶的黏膜厚 0.5cm，褶底的黏膜厚 0.2～0.3cm。位于胃后膨大胃小弯及其两侧和靠近幽门的黏膜，其面积占总面积的 5%～6%，较为平展，呈灰白色。其后半部有一幽门圆枕，长约 8cm、宽约 3cm、厚约 2cm。幽门圆枕的后端伸入幽门（图 3-4、图 3-5）。

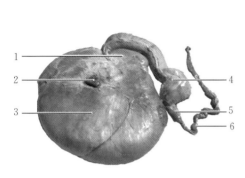

图 3-4　胃
1. 网胃　2. 贲门　3. 瘤胃　4. 皱胃
5. 幽门　6. 十二指肠
（资料来源：任宏，2019）

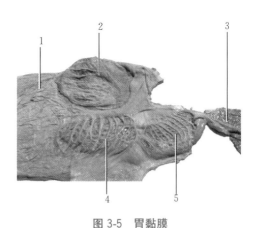

图 3-5　胃黏膜
1. 无绒毛区　2. 前腺囊区　3. 皱胃黏膜
4. 后腺囊区　5. 第 3 腺囊区
（资料来源：任宏，2019）

二、大网膜、小网膜和胃胰皱褶

（一）大网膜

薄，呈网状，在右侧腹壁内侧形成网膜囊覆盖前胃后背侧囊、空肠和盲肠。囊口的附着线自皱胃左侧面开始，顺次经皱胃后膨大左侧面、幽门部后缘、胃胰皱褶腹侧缘、结肠终袢前部腹侧缘、结肠终袢后部左侧面、十二指肠和胰左叶后端左侧面、脾门、前胃后背侧囊后部、后腺囊区腹侧缘、第3腺囊区左侧面、胃颈左侧面、皱胃前膨大左侧面，回到皱胃体左侧面。网膜孔呈裂隙状，位于肝尾状突、后腔静脉与胃胰皱褶之间，长约9cm。

（二）小网膜

厚，不呈网状，宽约35cm，在前胃第2室右侧连于肝与皱胃及十二指肠膨大部之间。上缘凹，附着于肝门。下缘凸，附着于皱胃右侧面、幽门部前缘和十二指肠膨大部左侧面。其后端与胃胰皱褶相连。

（三）胃胰皱褶

连于肝、结肠终袢与皱胃幽门部及十二指肠膨大部之间。背侧缘前半部在肝尾状突之前附着于肝门；后半部在肝尾状突下方为游离缘，形成网膜孔的腹侧缘。腹侧缘附着于皱胃幽门部和十二指肠膨大部。前与小网膜相连，后与结肠终袢相连。其中含有胰体、胰管、肝管、门静脉及分布于肝和胃的血管神经等。

第五节　肠

肠分小肠和大肠，由黏膜、黏膜下层、肌层和浆膜（直肠后部为外膜）组成，其相关结构见图3-6。

一、小肠

小肠分为十二指肠、空肠和回肠。双峰驼的小肠长27.5～33m，小肠有淋巴小结350～600个，在回肠较多，由此向前渐次减少，在十二指肠则很少。

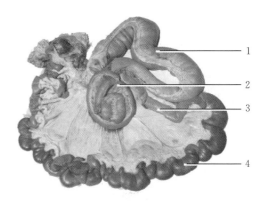

图3-6　肠
1. 盲肠　2. 结肠　3. 回肠　4. 空肠
（资料来源：任宏，2019）

骆驼解剖学

（一）十二指肠

双峰驼十二指肠长 2～2.6m，前端在肝方叶内侧与幽门相连，后端在结肠终袢腹侧缘前端靠近胃胰皱褶处与空肠相连。十二指肠分为三部三曲，即前部、前曲、降部、后曲、升部和十二指肠空肠曲。前部，最短，膨大呈"乙"字形，也称十二指肠膨大部，长 25～35cm，在右季肋部位于肝方叶内侧和胃幽门的前上方，借一宽 1～2cm 的十二指肠系膜窄部连于胃胰皱褶。前曲凸向前，连于小网膜，口径 8～10cm。后曲为前曲凸向后，口径 3～4cm，连接降部。降部最长，也称十二指肠系膜部，长 1.5～1.8m，口径 3～4cm，位于右季肋部、腰部和右髂部，由一宽 12～17cm 的十二指肠系膜宽部连于结肠终袢右侧面，前端借前曲与前部相连，后端在右肾后部内侧，向内侧折转形成后曲，且以一很窄的腹膜褶连于结肠系膜部（降结肠）前端和右肾后端。升部长 40～50cm，口径 3～4cm，与结肠终袢和降结肠的肠管缠在一起。初在结肠终袢右侧，自后曲开始在结肠终袢第 3 段与降结肠始部乙状曲之间向后下方延伸至结肠终袢后 1/3 处，在降结肠始部乙状曲腹侧向左折转至结肠终袢左侧，再沿降结肠始部乙状曲腹侧面向前延伸至胃胰皱褶后端，以十二指肠空肠曲与空肠相连。其末端有一很窄的腹膜褶即十二指肠结肠韧带连于胃胰皱褶。

（二）空肠

双峰驼空肠长 25～30m，口径 4～6.5cm，系膜宽 50～70cm，呈扇形的空肠系膜连于结肠终袢腹侧缘前部和结肠旋袢蜗基面上半部的中央部分，且卷曲为若干肠圈，位于右髂部、腰部和脐部。左侧为结肠旋袢、终袢、前胃第 1 室后背侧囊，右侧为右侧腹壁。由于空肠系膜长，移动范围大，向前可抵肝和胃，向后可入骨盆腔。

（三）回肠

双峰驼回肠长 30～50cm，口径 4～5cm，壁较厚，不卷曲成肠圈，在脐部盲肠盲端附近接空肠，沿盲肠小弯向后向上延伸达于回盲结口。回肠一方面借宽 5～8cm、略呈新月形的回盲韧带连于盲肠小弯；另一方面借空肠系膜连于结肠旋袢和终袢，在脐部位于盲肠内侧，能随盲肠下部一起移动其位置，但活动范围不大。

二、大肠

大肠分为盲肠、结肠和直肠。双峰驼的大肠长约 15m（图 3-6）。

（一）盲肠

双峰驼盲肠呈圆柱形，由腰部呈弧形延伸经右髂部达于脐部，长 50～65cm，口径 8～10cm，容积 1～1.5L，起始端与回肠和结肠相连，末端小，为盲端，凸缘游离，为盲肠大弯，凹缘为盲肠小弯，为回盲韧带附着处。盲肠上部曲度较大，凸缘向上，凹缘向下，在腰部位于第6～7腰椎下方，以其起始端与结肠起始端共同附着于结肠终袢后端和左肾后部，且以一短而窄的腹膜褶（盲结初带）连于结肠旋袢向心回第1圈的末端，位置较为固定。腹侧为回肠，背侧和前方为空肠、降结肠和子宫角，后为结肠旋袢向心回第1圈末端。盲肠中部和下部接上部向右向后向下延伸，中部居右髂部，下部居脐部，两部皆位于结肠旋袢离心回第1圈与空肠之间，内侧为回肠，外侧为腹壁。盲肠中部和下部与腹壁无连系，有一定的活动范围。

回肠口（回盲结口）在腰部、左肾后部内侧位于盲肠小弯起始端，有括约肌和回肠乳头（回盲结瓣）。回肠经此与盲肠和结肠相通。括约肌为盲肠的环行肌束围绕回盲结口所形成。回盲结瓣为一附着于回盲结口的环状黏膜瓣，其中含有肌层，环行肌束较多，纵行肌束较少。

（二）结肠

结肠长13～14m，分为升结肠、横结肠和降结肠。国内学者在1977年将双峰驼结肠分为结肠旋袢、结肠终袢（5段）和结肠系膜部。他们认为，与人和犬的结肠相比，结肠旋袢和结肠终袢的前3段为升结肠，结肠终袢位于肠系膜前动脉以前的部分为横结肠，结肠终袢后2段和结肠系膜部为降结肠。

1. 升结肠 为结肠的第1部分，包括结肠旋袢和结肠终袢。

（1）结肠旋袢 在双峰驼略呈蜗壳状，又称结肠蜗壳。在腰部、左髂部、左腹股沟部、耻骨部和脐部，位于结肠终袢的后下方和左侧，且与之相连。蜗顶面（壁面）凸而平展，面向后下方和左侧，且与腹底壁后部、左侧腹壁后部和膀胱接触。蜗基面（脏面）凹凸不平，面向前上方和右侧，且与前胃第1室后背侧囊、左肾、脾、结肠终袢、十二指肠升部空肠、回肠、盲肠、降结肠和子宫角接触。蜗基面上半部的中央部分，即结肠旋袢起始部和末部所在地，附着于结肠终袢后端和左肾后部内侧缘。结肠旋袢分向心回和离心回。由蜗顶面观察，向心回于第6～7腰椎下方、左肾后部腹内侧接盲肠，循逆时针方向旋转4圈半（少数旋转4圈或5圈）至蜗顶面中央（蜗壳顶）而转为离心回。折转处为中央曲。离心回自蜗壳顶循相反的方向旋转3圈半（少数旋转3圈或4圈或5圈）至旋袢蜗基面上半部的中央部分及回肠末端左侧，移行为结肠终袢。向心回第1圈大，长175～285cm，形成蜗壳的外周圈，以后各圈逐渐缩小，即在蜗顶面逐渐向蜗壳顶围拢，第2圈长120～127cm，第3圈长95～120cm，第4圈长75～110cm。第1圈借一宽约20cm的向心回间韧带与第2圈相连，第2圈借一宽1～2cm的向心回间韧带与第3圈相连，以后各圈则借疏松结缔组织互相连接在一起。向心回肠管的口径也是第1、第2圈的大，以后各圈的渐次减小，第1圈的口径为10～12cm，第2圈前半部的为6～10cm，后半部的为3～4cm，第3圈以后的为3～4cm。离心回排列不如向心回整齐，在蜗基面中部以疏松结缔组织互相连接，并与向心回的第2圈后半部及其以后的各圈连在一起。第1圈长70～75cm，第2圈长85～95cm，第3圈长95～100cm，第4圈长55～95cm，口径为 3～4cm。在向心回第 1 圈前半部的黏膜中有憩室 10～20 个，呈圆形或椭圆形，充满粪便时则呈乳状隆起，大小不一，直径 1～3cm。在盲肠，靠近回盲结口，也见有这样的憩室。

（2）结肠终袢　也称结肠远袢，位于右季肋部、腰部和耻骨部，分 3 段。双峰驼结肠终袢口径为 3～4cm，借疏松结缔组织与十二指肠升部及胰左、右叶连在一起。第 1 段约在荐骨岬下方、回肠末端左侧离开结肠旋袢向前上方延伸，形成结肠终袢的腹侧缘，约在第 4 腰椎下方、脾附近向上折转而成为第 2 段。第 2 段在第 1 段背侧向后延伸，约在第 7 腰椎下方向右折转而成为第 3 段。第 3 段在结肠终袢右侧面向前延伸，行经肠系膜前动脉右侧，约于第 12 胸椎下方，在胃胰皱褶中向左向上折转而移行为横结肠。

2. 横结肠　短，继承升结肠末部，自右向左绕过肠系膜前动脉，向后，移行为降结肠。

3. 降结肠　在单峰驼起始部有一乙状曲，随后在短的结肠系膜悬吊下沿背侧体壁向后走行，入骨盆腔移行为直肠。双峰驼的降结肠包括国内学者描述的结肠终袢的第 4、第 5 段和结肠系膜部。第 4 段接横结肠向后延伸，初位于结肠终袢第 3 段背侧，以后在结肠终袢左侧位于第 2 段背侧，约于第 6 腰椎下方向右折转，横过左肾后端腹侧面而成为第 5 段。第 5 段在结肠终袢右侧面靠近其背侧面向前延伸，约在第 4 腰椎下方、右肾后端内侧向上折转移行为结肠系膜部。结肠系膜部长 60～100cm，口径 4～8cm，借一宽 15～25cm 的结肠系膜在第 4 腰椎以后、中线右侧附着于腹腔顶壁。前端在右肾后端内侧与乙状曲相连，后端在骨盆入口与直肠相连。由于降结肠系膜宽，活动范围较大，常卷曲为肠圈，在结肠旋袢和终袢右侧与空肠肠圈一起位于腰部、右髂部、右腹股沟部和耻骨部。

（三）直肠

为大肠的最后一段，在骨盆腔背侧部包于脂肪之中，长 20～25cm，口径 8～10cm，不形成直肠壶腹。直肠后半段位于腹膜腔之后，为腹膜外部；前半段为腹膜部，其腹侧面及左、右两侧面被覆有腹膜，背侧面直接与骨盆顶壁相连。直肠背侧为荐尾腹侧肌。直肠腹侧，在母驼为子宫、阴道、膀胱、输尿管和尿道；在公驼为膀胱、尿生殖褶、前列腺、输精管、输尿管、尿道骨盆部和尿道球腺。直肠左右两侧为荐坐韧带、直肠尾骨肌和肛提肌。

肛管为消化管的末端，长约 3cm，前方以肛直肠线与直肠分开，其前方有纵行黏膜褶，称直肠柱；后方以肛皮线与皮区分开。肛管前部的黏膜与直肠的黏膜相同，皮区的黏膜含有色素，较平滑，与皮肤相似。肛门为肛管的后口，在第 3 或第 4 尾椎下方突出于尾根之下，周围有肛门内、外括约肌。肛门内括约肌由直肠环行肌增厚形成。肛门外括约肌发达，围绕肛门管和直肠末端，宽约 4cm。肛提肌起始于坐骨棘，在肛门外括约肌覆盖之下止于肛门，在直肠外侧为直肠尾骨肌所覆盖。

第六节　肝

　　肝为最大的消化腺，具有分泌胆汁、合成体内重要物质、储存糖原、解毒以及在胎儿时期参与造血等功能。骆驼的肝发达，双峰驼肝重11～27kg，色深褐而质脆，略呈三角形，在膈后位于右季肋部。前下角伸达第5～6肋间隙下端，后上角伸达第12肋骨上半部后方2～3cm处，并有肾压迹包围右肾前端。腹（外）侧角伸达第10肋骨下端，有时伸至肋弓之下。背（内）侧缘长，自右肾前端沿右膈脚向前下方延伸，后半段厚，并形成一宽3～4cm的腔静脉沟，内含后腔静脉；前半段薄，食管压迹不显著，位于背侧缘中部。后腹侧缘薄而锐；前腹侧缘现有深浅不一的切迹，呈锯状。位于前腹侧缘中部，且与镰状韧带相连的切迹为圆韧带切迹膈面凸，与膈接触。脏面凹凸不平，与前胃第1室、皱胃、十二指肠膨大部、结肠终袢、胰和小网膜接触，现有肝门、若干沟裂和胃肠压痕。脏面的沟裂和前腹侧缘的切迹，有些为肝叶的分界。

　　肝分为左叶、中叶和右叶。左叶为位于圆韧带切迹以下的部分，且被一位于圆韧带切迹下方的切迹分为左内侧叶和左外侧叶，左外侧叶位于左内侧叶的前下方。位于圆韧带切迹上方的切迹及由此切迹斜经肝面至肾压迹的沟为右叶与中叶的分界。肝门位于脏面中部，将中叶分为方叶和尾叶，尾叶位于方叶的背内侧。尾叶的后上部小，为尾状突，与右叶的后内侧角共同构成肾压迹；前下部大，呈袋盖样，被肝门围绕，为乳头突。

　　骆驼肝无胆囊，左、右肝管联合形成肝总管。双峰驼肝总管长约8cm，自肝门伸出，行经胃胰皱褶，与胰管会合，开口于十二指肠第2段起始部的十二指肠大乳头。

　　肝借左右三角韧带、冠状韧带、镰状韧带、肝圆韧带、肝肾韧带和小网膜附着于腹壁、肾、胃和十二指肠。左三角韧带位于食管切迹左侧，连于肝背侧缘中部与膈中心腱之间。右三角韧带与发达的肝肾韧带相连，在最后肋间隙平面连于肝右叶与膈肋部和右膈脚之间。冠状韧带位于后腔静脉两侧，连于肝背侧缘后半段与膈之间。镰状韧带与冠状韧带相延续，走向肝圆韧带切迹，连于肝壁面中部与膈及腹底壁之间。肝圆韧带包于镰状韧带的游离缘，在老年驼常消失。

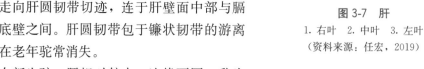

图 3-7　肝
1. 右叶　2. 中叶　3. 左叶
（资料来源：任宏，2019）

　　在新生驼，肝相对较大，边缘更圆，乳头突更明显，肝左、右叶突出肋笼，与腹壁接触（图3-7）。

第七节　胰

胰为骆驼较大的消化腺，由外分泌部和内分泌部组成。外分泌部占腺体的大部分，分泌胰液，参与蛋白质、糖和脂肪的消化。内分泌部称胰岛，分泌胰岛素和胰高血糖素，有调节血糖代谢的作用。

胰呈肉红色，双峰驼的重 250～320g。胰分为胰体、左叶和右叶。胰体在肝门下方位于胃胰皱褶内，左、右两面均覆有腹膜，腹侧面有胰切迹，供门静脉通过。左叶薄而狭长，长约 35cm，宽约 8cm，自胰体向后延伸达于左肾外侧缘中部，内侧面附着于腹腔动脉、左肾上腺、左肾前半部外侧缘，外侧面覆有腹膜，且与前胃第 1 室后背侧囊接触。右叶短而宽，长 17～22cm，宽 10～12cm，位于十二指肠系膜内，由胰体向后延伸达于右肾内侧缘中部，内侧面附着于后腔静脉、门静脉、横结肠和降结肠，外侧面覆有腹膜且与肝的尾状突和右肾接触。胰管主要由来自胰左叶和右叶的两大支管道汇合而成，在胰头中与肝总管汇合，在十二指肠前曲开口于十二指肠大乳头。

第四章

呼吸系统

CHAPTER 4

骆驼在新陈代谢过程中，要不断地吸入氧，呼出二氧化碳，这种气体交换的过程，称为呼吸。呼吸主要靠呼吸系统来实现，但与心血管系统有着密切的联系。由呼吸系统从外界吸入的氧，由红细胞携带沿心血管系统运送到全身的组织和细胞，经过氧化，产生各种生命活动所需要的能量并生成二氧化碳等代谢产物，而二氧化碳又与红细胞结合通过心血管系统运至呼吸系统，排出体外，这样才能维持机体正常的生命活动。呼吸系统和血液之间的气体交换称为外呼吸或肺呼吸；血液和组织细胞之间的气体交换，称为内呼吸或组织呼吸。骆驼的呼吸系统由呼吸道和肺组成，呼吸道是气体出入肺的通道，包括鼻、咽、喉、气管和支气管，其壁内有骨或软骨作为支架。围成开放性管腔，以保证气体自由出入。肺是气体交换的器官，主要由许多薄壁的肺泡构成，总面积很大，有利于气体交换。胸膜和胸膜腔是呼吸系统的辅助结构。

第一节　鼻

　　鼻既是气体出入肺的通道，又是嗅觉器官，分为外鼻、鼻腔和鼻旁窦。

一、外鼻

　　外鼻分鼻根、鼻背、鼻侧部和鼻尖。鼻尖的两侧有 1 对鼻孔。鼻孔呈狭缝状，斜位，从后方的外侧连合伸至前方的内侧连合。鼻孔朝向外侧。它由内侧鼻翼和外侧鼻翼组成，鼻翼内含软骨，构成鼻孔的支架。骆驼鼻尖部由下列软骨支持：鼻中隔前部；鼻背外侧软骨前部，长而狭；鼻内侧副软骨，与鼻背外侧软骨的前部相延续，位于翼褶内，支撑内侧鼻翼；鼻外侧副软骨，支撑外侧鼻翼。在后方附着于鼻内侧副软骨。

二、鼻腔

　　鼻腔被正中的鼻中隔分为左右两半。可分为鼻前庭和固有鼻腔两部分。鼻前庭是鼻腔的前部，内衬皮肤，并生有细毛。固有鼻腔位于鼻前庭后方，内衬黏膜。每侧鼻腔含有上鼻甲、中鼻甲和下鼻甲，筛鼻甲位于后方。鼻后孔在后腹侧与鼻咽相通。鼻孔底的黏膜上有 2 个开口：鼻外侧憩室的开口位于皮肤与黏膜连接处，鼻泪管口位于鼻外侧憩室开口的内侧。鼻外侧憩室位于上颌骨的外侧面，其排泄管在切齿骨边缘上伸向前方，越过鼻外侧肌之后转向背侧，再向后行，绕过鼻外侧副软骨的腹侧缘进入鼻孔。其黏膜衬里内含有分泌黏液的杯状细胞。固有鼻腔根据黏膜特征可分为呼吸区和嗅区。呼吸区占据鼻腔的大部分，鼻黏膜由呼吸上皮细胞和大量杯状细胞组成。黏膜下方可见广泛的静脉丛。嗅区仅占据筛鼻甲后部一个小的区域，被覆嗅上皮。

上鼻甲在前方延续为直壁。在直壁的内侧面有一开口通上鼻甲前 1/4 内的狭槽。上鼻甲的后半部含有上鼻甲窦，与中鼻道相通。上鼻甲窦有一长而尖的腹外侧扩展部，伸达鼻上颌口，并部分堵塞鼻上颌口。

中鼻甲位于下鼻甲球状前部的后方，内含中鼻甲窦。中鼻甲窦几乎与上鼻甲窦等长。它有一大的腹侧扩展部，位于下鼻甲后部的外侧，它在后方通过其顶壁上一相当大的开口与鼻底相通。

下鼻甲由前、后两部分组成，前部大，几乎完全占据骨质鼻腔的前半部；后部较小，位置较靠腹侧，一部分占据鼻道后部。下鼻甲内无鼻甲窦。底板分开形成 2 个螺旋，均围住隐窝和鼻甲泡。后者可能含有 2 个或多个小房。下鼻甲在前方与朝向前背侧的翼壁和朝向前腹侧的底壁相延续。

每半侧鼻腔内的鼻甲将鼻腔分为上、中、下 3 个鼻道。上鼻道位于鼻腔顶壁与上鼻甲之间。中鼻道位于上、下鼻甲之间，其后部在鼻腔中后 1/3 结合处被中鼻甲分成背侧和腹侧两个通道。上鼻道和中鼻道狭窄。下鼻道位于下鼻甲与鼻腔底壁之间，相对较宽敞，直接通鼻后孔。鼻泪管位于下鼻道外侧面，被覆黏膜。此外，鼻甲与鼻中隔之间还形成总鼻道，与上、中、下鼻道相通。犁鼻器长 150～180mm，开口于下鼻道的前部。切齿管末端为盲管，不与口腔相通（图 4-1）。

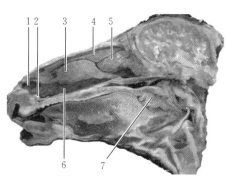

图 4-1　鼻腔
1. 鼻憩室开口　2. 腹侧鼻软骨　3. 腹侧鼻甲骨
4. 背侧鼻甲骨　5. 中间鼻甲骨　6. 鼻道　7. 软腭
（资料来源：Alsafy，2014）

三、鼻旁窦

鼻旁窦是一些头骨内、外骨板之间形成的直接或间接与鼻腔相通的空腔。除上面描述的鼻甲窦之外，还有以下几个鼻旁窦：上颌窦、额窦、蝶窦。

(一) 上颌窦

占据上颌骨的一小部分和额骨的前部，在背侧与泪窦相交通。骨质泪管将其不完全分隔成 2 个腔体。它们与中鼻道后扩展部的背侧支相通。上鼻甲窦尖的外侧扩展部部分堵塞鼻上颌口，鼻上颌口大约位于内眼角到背侧中线的中点。上颌窦含有发达的鼻外侧腺，其可分泌黏液。

(二) 额窦

骆驼额窦发育较好，左、右额窦被不规则的骨板分开，每侧的额窦再细分为空间较小的迷路，这些小空间可能彼此相通。较大的空间通过较小的开口与鼻底相通。

（三）蝶窦

位于前蝶骨内，可能与筛骨鸡冠内的突窦相交通，或直接开口于鼻底。在筛骨鸡冠实质内还存在 1 个或 2 个空腔，它们独立开口于鼻底，或与额窦或蝶窦相通。

第二节　喉

喉既是气体出入肺的通道，又是调节空气流量和发声的器官，还有协助呕吐和反刍逆呕的功能。喉位于下颌间隙后方，在头颈交界处腹侧，悬于两个舌骨大角之间。前端以喉口与咽相通，后端与气管相通。喉以喉软骨构成支架，其上附有喉肌，内面衬以喉黏膜，围成喉腔。

一、喉软骨

喉软骨有 4 种，包括前方的会厌软骨、腹侧和外侧的甲状软骨、背侧成对的勺状软骨和后方的环状软骨。下面简述其特征：会厌软骨呈叶片状，在成年驼大长约 85mm，无明显特征。甲状软骨弯曲成槽状，与马的相似，具有发达的前角和后角。前角与甲状舌骨的游离端成关节，后角与环状软骨成关节。在一些甲状软骨上有甲状孔，供喉前神经通过，但在另外一些甲状软骨上则为深的切迹，由纤维结缔组织连接成孔。勺状软骨与锚相似。尖具有广阔的小角突，底具有肌突和声带突，在尖与底之间是棒状连接部。在由前部的黄色弹性软骨突然转变成底前方的透明软骨处分界清楚。环状软骨呈指环状，相对较长。

二、喉肌

喉肌有两类，即外来肌和固有肌。

喉外来肌有甲状舌骨肌、胸骨甲状肌和舌骨会厌肌。舌骨会厌肌在成年驼长约 60mm，直径 10mm。它将会厌软骨的舌面从底到尖连至底舌骨的背侧面。

喉固有肌有以下几块：环甲肌起始于环状软骨弓的前缘和外侧面，向前背侧走至甲状软骨板的后缘及其后角。深纤维起始于环状软骨的前缘，附着于后角。环勺背侧肌起始于环状软骨正中嵴外侧的环状软骨板，走向前外侧附着于勺状软骨的肌突。勺横肌位于环勺背侧肌的前方，横行在背侧，连接勺状软骨的肌突。正中缝仅存在于后部。环勺外侧肌位于甲状软骨板内侧面，从环状软骨弓的前缘向前背侧走至勺状软骨的肌突。甲勺肌肌板宽，起始于会厌软骨底的外侧缘、甲状软骨内正中面和环甲韧带。该肌前部朝向后背侧，但主纤维朝向背侧：在背侧附着于勺状软骨棒状的中部和在后方附着于勺状软骨的声带突。声带肌位于至喉室的裂隙样入口的后方，在甲勺肌的内侧。它在腹侧起始于甲状软骨，止于勺状软骨的声带突。

三、喉腔

喉腔由喉软骨、喉肌和喉黏膜围成，以声门为界分为喉前庭和声门下腔。喉腔入口为喉口，由会厌、勺状软骨和勺状会厌壁围成。勺状会厌壁连接会厌软骨的外侧缘与勺状软骨。软腭的后缘伸达勺状软骨前缘的中部，勺状软骨尖的小角突经咽内口突入鼻咽。喉前庭从喉口伸至声门。在其外侧壁上有一裂隙样的开口，通一浅的外突，即喉室。其入口由前方的前庭壁和后方的声壁围成。后者内含声带肌。在会厌底有深的腹侧外突，即喉正中隐窝。在其他反刍家畜无喉正中隐窝。声壁为黏膜褶，内有声韧带和声带肌，共同构成声带。两声带之间的裂隙称声门裂，是喉腔最狭窄的部分。声带和声门裂合称声门。声门之后是声门下腔，位于环状软骨内，在后方接通气管（图 4-2）。

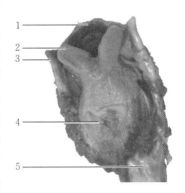

图 4-2　喉
1. 会厌软骨（部分缺失）　2. 勺状软骨
3. 甲状软骨　4. 环状软骨　5. 气管
（资料来源：任宏，2019）

第三节　气管和支气管

气管为由气管软骨环作为支架构成的圆筒状长管，气管起始于喉，走向胸腔，在颈前 3/4 位于食管前的直下方，在颈后 1/4，食管位于其左背外侧面。气管的腹侧为胸骨甲状舌骨肌和胸头肌，外侧为大的颈外静脉。在幼年驼，胸腺凸出于气管和左颈外静脉之间。在胸腔入口处，左、右颈外静脉并列于气管下方。气管经胸腔前口进入胸腔，在前纵隔中，气管位于食管的腹侧。大约在与第 5 胸椎相对处分为左、右主支气管，与肺血管等一起入肺。在气管分叉的正前方，还从气管分出一气管支气管至右肺前叶。气管以气管软骨环作为支架。

气管软骨环腹侧部比其游离缘结实，在游离缘有狭窄的间隙或左侧端稍重叠于右侧端之上；在前纵隔中，左端重叠于右端之上。气管肌桥连气管软骨环背侧的间隙，结缔组织包围在其外面。

第四节　肺

肺是吸入的空气与血液中二氧化碳进行交换的场所，为呼吸系统中最重要的器官。肺位于胸腔内，在纵隔两侧，分左肺和右肺。两肺均似底面斜切的圆锥体，肺尖向前，在胸前口处，肺底向后。每肺有 3 个面和 3 个缘。肋面隆突，与胸腔侧壁接触，在固定标本上有明显的肋骨压迹。内侧面分为上下两部：上部为脊椎部，与胸椎椎体相对；下部为纵隔部，与纵隔相对，有主动脉压迹、食管压迹和心压迹，在右肺还有后腔静脉沟。在心压迹后上方有肺门，是主支气管、肺血管和神经等出入肺之处，此结构借结缔组织相连构成肺根，是肺的固着部。膈面或称底面，与膈相对，略凹。背侧缘位于肋沟中，钝圆，又称钝缘。腹侧缘位于胸腔侧壁与纵隔之间的沟中，薄而锐，并有心切迹，与第 4～6 肋相对，心和心包在此处与胸腔侧壁直接接触，是心脏听诊的适宜部位。底缘位于胸腔侧壁与膈之间，薄而锐。

骆驼的肺缺肺裂，因此与马肺相似。左肺分前叶和后叶，右肺分 3 叶：前叶、后叶和副叶。虽然肺分叶不明显，但在固定标本上肺小叶清晰可见（图 4-3）。

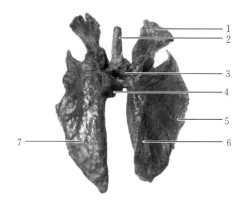

图 4-3　肺
1. 尖叶　2. 气管　3. 支气管　4. 副叶　5. 右肺　6. 心膈叶　7. 左肺
（资料来源：任宏，2019）

第五章

泌尿系统

骆驼泌尿系统包括肾、输尿管、膀胱和尿道。肾是生成尿液的器官。输尿管为输送尿至膀胱的管道。膀胱为暂时储存尿液的器官。尿道是排出尿液的管道。机体在新陈代谢过程中产生许多代谢产物，如尿素、尿酸和多余的水分及无机盐类等，由血液带到肾，在肾内形成尿液，经排泄管道排出体外。肾除了排泄功能外，在维持机体水盐代谢、渗透压和酸碱平衡方面也起着重要作用。此外，肾还具有内分泌功能，能产生多种生物活性物质，如肾素、前列腺素等，对机体的某些生理功能起调节作用。

第一节　肾

骆驼的肾呈豆形，外表光滑。右肾比左肾细长。据报道，右肾平均重 1.08kg，左肾重 1.13kg。两肾紧靠背侧体壁，位于腹膜后。右肾位于第 2～4 腰椎横突下方，前极圆，位于肝尾叶的肾压迹内；后极不如前极圆，背腹向稍扁平。左肾形态规则，位于最后 3 个腰椎左侧横突下方。两肾的肾门均朝向内侧，界线清楚，是肾血管、淋巴管、神经和输尿管出入之处。肾动脉进入肾门之前分为 2 支，肾静脉位于动脉的腹侧，输尿管出肾门向后走。家畜的肾分有沟多乳头肾、平滑多乳头肾和平滑单乳头肾。骆驼的肾属于平滑单乳头肾。在经过肾门和两极的切面上，很易识别出皮质与髓质。皮质在外周，髓质在深部。肾乳头合并为总乳头，称肾嵴。肾嵴发达，凸入肾盂内。Abdalla 等（1979）发现，皮质约占肾体积的 50%，髓质与皮质厚度之比大约为 4∶1。他们断定，骆驼肾拥有产生高渗尿的解剖学必要条件（图 5-1、图 5-2）。

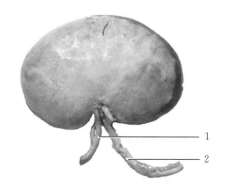

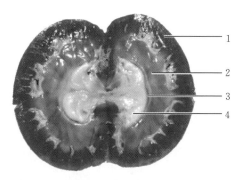

图 5-1　肾（实质）
1. 肾动脉　2. 输尿管
（资料来源：任宏，2019）

图 5-2　肾（纵切）
1. 皮质　2. 髓质　3. 肾盂　4. 肾乳头
（资料来源：任宏，2019）

第二节　输尿管

输尿管左右各一，起始于肾盂，经肾门出肾，在腹膜后向后走行，经膀胱圆韧带内侧进入骨盆腔。公驼的输尿管在生殖褶中走行，伸过输精管的背侧和外侧，在膀胱颈附近穿入膀胱壁。母驼的输尿管沿子宫阔韧带伸延，在膀胱颈附近进入膀胱壁。

第三节　膀　胱

膀胱近似梨形，前端钝圆，称膀胱尖，也称膀胱顶，凸向腹腔。后端逐渐变细称膀胱颈，与尿道相连。膀胱尖与膀胱颈之间为膀胱体。公驼的膀胱位于直肠和生殖褶的腹侧，母驼的位于子宫和阴道的腹侧。膀胱由膀胱正中韧带和膀胱侧韧带连于盆腔壁，固定其位置。在打开的膀胱背侧壁上，靠近膀胱颈附近可见 1 对隆起的输尿管柱，终于输尿管口。膀胱三角明显。

第四节　尿　道

尿道以尿道内口与膀胱颈相连，以尿道外口开口于公驼的阴茎头或母驼阴道与阴道前庭交界处。

公驼的尿道长，兼有排精和排尿的作用，也称尿生殖道，分骨盆部和阴茎部。尿道骨盆部起始于膀胱颈，沿骨盆底壁向后延伸，绕过坐骨弓移行为阴茎部。在骨盆部起始段背侧壁黏膜上有一圆形隆起，称精阜，其上有 1 对射精口，精阜后方的黏膜上有前列腺管的开口。骨盆部末端的黏膜上有尿道球腺的开口。尿道肌覆盖尿道骨盆部管壁的腹侧和外侧部，厚的纤维带覆盖其背侧部。尿道阴茎部沿阴茎腹侧的尿道沟向前延伸，尿道在远端逐渐转至左侧，在背侧开口于尿道突背侧面，以尿道外口通向体外。阴茎部尿道很狭窄，开口微小。母驼的尿道较短，在阴道腹侧沿盆腔底壁向后延伸，开口于阴道与阴道前庭交界处。尿道外口呈横的缝状，在其腹侧有一盲囊，称尿道下憩室。

生殖系统的主要功能是产生生殖细胞、繁殖后代、保持种族延续。

第一节　公驼生殖器官

公驼的生殖器官包括睾丸、附睾、输精管、副性腺、阴茎、包皮等（图 6-1）。

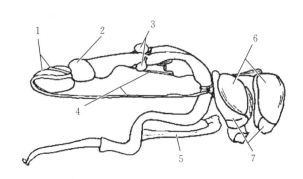

图 6-1　公驼生殖系统结构
1. 输精管壶腹　2. 前列腺　3. 尿道球腺　4. 输精管　5. 阴茎缩肌　6. 睾丸　7. 附睾
（资料来源：任宏，2019）

一、睾丸

睾丸有 1 对，卵圆形，位于含色素的阴囊中，在肛门下方 40～60mm 处。通常一侧的睾丸位置较对侧的稍高，其长轴朝向后背侧。睾丸一端有血管和神经出入，称头端；另一端称尾端。睾丸背侧缘有附睾附着，称附睾缘；腹侧缘称为游离缘。在不同的季节，睾丸的大小和重量相差很大。成熟的睾丸在繁殖季节重量高达 230g，但在间情期减少至 60g。在不同时期，长度可从 130mm 减至 60mm，直径可从 65mm 缩小至 30mm。

在公驼 2～3 岁时，睾丸下降到阴囊中。在 7 个月时，它们位于腹股沟管浅环的后方，呈卵形，被白膜包围。未成熟的睾丸，实质色浅，但随着年龄增长颜色加深，在性成熟的公驼实质为浅棕色。睾丸纵隔为沿睾丸中央伸展的纵束，精曲小管小叶呈辐射状排列在其周围。

二、附睾

附睾朝向外侧，位于睾丸的背侧缘，分附睾头、附睾体和附睾尾。附睾头膨大，覆盖在睾丸头端，由睾丸输出管组成，睾丸输出管汇合成附睾管，附睾管盘曲伸延并逐渐变粗，形成附睾体和附睾尾。

三、输精管

输精管悬吊在输精管系膜中，它从附睾尾的内侧面起始，与睾丸血管、神经和淋巴管一起向前走，形成精索，它们一起穿过腹股沟管的内侧角。在腹腔内，输精管在生殖褶中转向后方。输精管盆部的起始部弯弯曲曲，但它在膀胱的背侧变直增厚，形成输精管壶腹。输精管走向前列腺深方，经尿道盆部精阜上的射精口开口于尿道。

四、副性腺

骆驼的副性腺有前列腺和尿道球腺，缺精囊腺。

1. 前列腺 前列腺体发达，位于尿生殖道起始部的背侧，从背侧面观察时近似桃形。前列腺以 2 个主排泄管和许多小排泄管开口于尿生殖道。

2. 尿道球腺 为 2 个杏仁状的腺体，位于坐骨弓处。其外侧壁和部分内侧壁被坐骨海绵体肌覆盖。每一腺体有 1 条排泄管，沿尿道憩室游离缘外侧开口于尿道骨盆部的末部。

五、阴茎

骆驼的阴茎属纤维-伸缩型，由阴茎根、阴茎体和阴茎头组成。阴茎根由左右 2 个圆的阴茎脚组成，附着于坐骨弓，外周覆盖有坐骨海绵体肌。阴茎脚弯向前腹侧，在骨盆联合下方的中线上集中，形成阴茎体。阴茎体在阴囊前方形成乙状弯曲。阴茎退缩肌终于乙状弯曲的远侧点，以宽的弹性带附着于阴茎游离部的近侧。阴茎游离部变细终止于终突，终突扭曲至左侧。在终突底的后方和背侧是小的圆锥形的尿道突，凸向前方。尿道突的两侧是 2 个黏膜褶，借软骨支持；腹侧面形成一结节，与尿道海绵体结节相似。

阴茎由阴茎海绵体和尿道海绵体构成。阴茎海绵体由两阴茎脚内的海绵体合并而成，从阴茎脚伸至阴茎头。在其起始部，有明显的纤维隔将两个勃起体分开，向远侧去纤维隔逐渐变得不明显，因此在阴茎头仅有海绵体核。尿道海绵体在两阴茎脚之间膨大形成阴茎球，也称尿道球，外表覆盖有球海绵体肌，阴茎球向远侧延续为尿道海绵体，尿道海绵体包围尿道沟中的尿道阴茎部，并逐渐变细，终止于尿道外口附近。

六、包皮

包皮是悬垂的三角形结构。包皮口位于三角形尖，朝向后腹侧。当骆驼到 2～3 岁时，皮肤的内层与阴茎游离部分开，形成包皮腔。

第二节　母驼生殖器官

母驼的生殖器官由卵巢、输卵管、子宫、阴道、尿生殖前庭和阴门等组成（图6-2）。

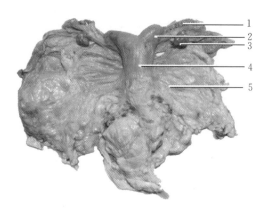

图6-2　母驼生殖系统结构
1. 输卵管　2. 子宫角　3. 卵巢　4. 子宫体　5. 子宫阔韧带
（资料来源：任宏，2019）

一、卵巢

卵巢有1对，由卵巢系膜悬吊于腰下区，在第6或第7腰椎横突腹侧。在乏情期，卵巢两侧扁平，大小为30mm×20mm×10mm，重5g。在发情期，由于有不同大小的泡状卵泡和黄体存在，卵巢形态不规整。通常有大卵泡，直径可达18mm。在发情前期，黄体呈球形，直径大约15mm；在妊娠期间，增至20mm。

二、输卵管

输卵管悬吊在输卵管系膜中，是1对弯弯曲曲的管道，从卵巢囊伸至子宫角尖。输卵管前端扩大成漏斗状，称输卵管漏斗，边缘形成输卵管伞，输卵管腹腔口靠近卵巢囊内侧口，位于漏斗中央。输卵管起始部直。子宫口位于子宫角尖一小乳头上。

三、子宫

骆驼的子宫属于双角子宫，由子宫角、子宫体和子宫颈组成。子宫角1对，末端钝，与输卵管相连。两子宫角在后方联合形成短的子宫体，长40mm。右子宫角长约110mm，左子宫角较大，长约180mm。左、右子宫角的后1/3愈合，这一部分被一正中隔即子宫帆分开。子宫颈由4个环形襞和1条子宫颈管组成。后环形襞低，形成大的子宫外口。子宫角和部分子宫体位于腹腔内，子宫体的后部和子宫颈位于盆腔内。子宫由子宫阔韧带悬吊于骨盆腔侧壁。

卵巢位于卵巢囊内，后者由内侧的卵巢系膜和外侧的输卵管系膜构成。卵巢借卵巢悬韧带附着于最后肋，借卵巢固有韧带附着于子宫角尖。

四、阴道

阴道位于盆腔内，长约 330mm。它含有许多纵褶即阴道褶。从阴道向尿生殖前庭过渡明显。

五、尿生殖前庭

尿生殖前庭为一短管，在与阴道交界处有一缝状尿道外口，其腹侧有极浅的尿道下憩室。阴道前庭侧壁内有 2 个前庭大腺。前庭球被前庭缩肌覆盖，位于前庭壁内。

六、阴门

阴门由 2 片阴唇组成，中间围成阴门裂。大多数成年母驼的阴唇背侧联合位于肛门直下方。阴唇腹侧联合有很小的开口，通阴蒂的阴蒂窝。在腹侧联合之内有阴蒂。阴蒂与公驼的阴茎是同源器官，包括阴蒂脚、阴蒂体和阴蒂头。左、右阴蒂脚起始于坐骨弓，被坐骨海绵体肌覆盖。两阴蒂脚在中线相遇，形成阴蒂体。阴蒂体由一中央软骨核组成，周围包有薄的阴蒂海绵体。小的阴蒂头位于阴蒂窝内。

105

第七章

心血管系统

CHAPTER 7

骆驼的心血管系统由心脏、血管（包括动脉、毛细血管和静脉）和血液组成（图7-1）。心脏是血液循环的动力器官，在神经体液调节下，进行有节律的收缩和舒张，使其中的血液按一定方向流动。动脉起于心脏，输送血液到肺和全身各部，沿途反复分支，管径越分越小，管壁越来越薄，最后移行为毛细血管。毛细血管是连接于动、静脉之间的微细血管，互相吻合成网，遍布全身。其管壁很薄，具有一定的通透性，以利于血液与周围组织进行物质交换。静脉收集血液回心脏，从毛细血管起始逐渐汇集成小、中、大静脉，最后通入心脏。

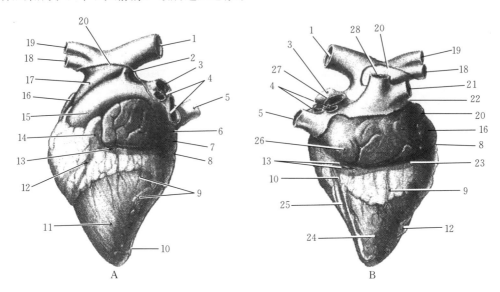

图 7-1　心脏

A. 左侧面（心耳面）　B. 右侧面（心房面）

1. 主动脉　2. 动脉韧带　3. 左肺动脉　4. 肺静脉　5. 后腔静脉　6. 左心耳　7. 左心房
8. 冠状沟　9. 心室支　10. 窦下室间支　11. 左心室　12. 锥旁室间支　13. 心房支
14. 左冠状动脉　15. 肺干　16. 右心耳　17. 主动脉弓　18. 臂头干　19. 左锁骨下动脉
20. 附着于心底大血管的心包断端　21. 前腔静脉　22. 终沟　23. 右冠状动脉
24. 右心室　25. 心中静脉　26. 右心房　27. 右肺动脉　28. 右奇静脉

（资料来源：雷治海，《骆驼解剖学》，2002）

第一节　心　　脏

一、心包

　　心包为包在心脏外面的锥形囊，囊壁由浆膜和纤维膜组成，可保护心脏。纤维膜为致密结缔组织，在心基部与出入心脏的大血管的外膜相连，在心尖部折转而附着于胸骨背侧，与心包胸膜共同构成胸骨心包韧带，使心脏附着于胸骨。浆膜分为壁层和脏层。壁层衬于纤维膜的里面，在心基折转后成为脏层，覆盖于心肌表面形成心外膜。壁层和脏层之间的裂隙称为心包腔，内含少量浆液，可润滑心脏，减少其搏动时的摩擦。心包位于纵隔内，被覆在心包外面的纵隔胸膜称为心包胸膜。

二、心脏的外表特征

心脏是一中空的肌质器官,外面包有心包。心脏呈左、右稍扁的倒立圆锥形,其前缘凸,后缘短而直。上部大,称心基,有进出心脏的大血管,位置较固定;下部小且游离,称为心尖。心脏表面有一环行的冠状沟和两条纵沟。冠状沟靠近心基,是心房和心室的外表分界,上部为心房,下部为心室。左纵沟又称锥旁室间沟,位于心脏的左前方,几乎与心脏的后缘平行;右纵沟又称窦下室间沟,位于心脏的右后方,可伸达心尖。两室间沟是左、右心室的外表分界,前部为右心室,后部为左心室。在冠状沟和室间沟内有营养心脏的血管,并有脂肪填充。

心脏位于胸腔纵隔内,约在胸腔下 2/3 部,或第 3 对肋骨(或第 2 对肋间隙)与第 6 对肋骨(或第 6 肋间隙)之间,夹在左、右两肺间,略偏左。

三、心脏的内部结构

心脏内部(图 7-2 至图 7-4)以纵向的房间隔和室间隔分为左右互不相通的两半。每半又分为上部的心房和下部的心室,同侧的心房和心室各以房室口相通。

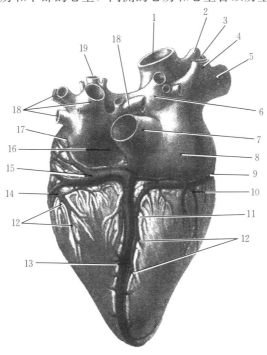

图 7-2　心脏(背面观)

1. 主动脉　2. 左锁骨下动脉　3. 臂头干　4. 右奇静脉　5. 前腔静脉　6. 右肺动脉　7. 后腔静脉
8. 右心房　9. 右冠状动脉　10. 心右静脉　11. 窦下室间支　12. 心室支　13. 心中静脉
14. 左冠状动脉　15. 心大静脉　16. 左心房　17. 房旁支　18. 肺静脉　19. 左肺动脉

(资料来源:雷治海,《骆驼解剖学》,2002)

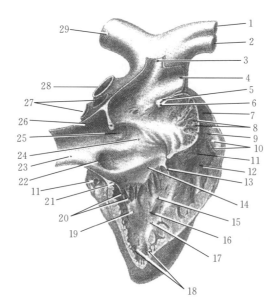

图 7-3 心脏（右心室壁已除去）

1. 左锁骨下动脉 2. 臂头干 3. 右奇静脉 4. 前腔静脉 5. 终沟 6. 终嵴 7. 肺干
8. 梳状肌 9. 右心耳 10. 肺干瓣 11. 右冠状动脉 12. 动脉圆锥 13. 右房室瓣的角瓣
14. 右房室瓣的隔瓣 15. 房室束的右脚 16. 隔缘肉柱 17. 室间隔 18. 肉柱 19. 乳头肌
20. 腱索 21. 右房室瓣的壁瓣 22. 冠状窦 23. 后腔静脉 24. 房间隔 25. 卵圆窝
26. 静脉间结节 27. 肺静脉 28. 右肺动脉 29. 主动脉

（资料来源：雷治海，《骆驼解剖学》，2002）

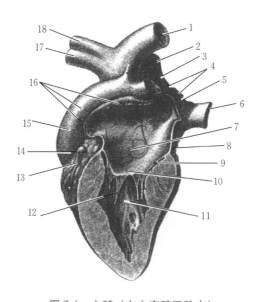

图 7-4 心脏（左心室壁已除去）

1. 主动脉 2. 动脉韧带 3. 左肺动脉 4. 肺静脉 5. 房间隔 6. 后腔静脉 7. 主动脉瓣
8. 心大静脉 9. 左房室瓣的隔瓣 10. 左房室瓣的壁瓣 11. 房室束的左脚 12. 腱索
13. 锥旁室间支 14. 左冠状动脉 15. 肺干 16. 梳状肌 17. 臂头干 18. 左锁骨下动脉

（资料来源：雷治海，《骆驼解剖学》，2002）

（一）心房

1. 右心房 占据心基的右前部，包括右心耳和静脉窦。右心耳呈圆锥形盲囊，尖端向左向后至肺动脉前方，内壁有许多方向不同的肉嵴，称梳状肌。静脉窦接受体循环的静脉血，前、后腔静脉分别开口于右心房的背侧壁和后壁，两开口间有一发达的肉柱，称静脉间嵴，有分流前、后腔静脉血，避免相互冲击的作用。后腔静脉口的腹侧有冠状窦，为心大静脉和心中静脉的开口。在后腔静脉入口附近的房间隔上有卵圆窝，是胎儿时期卵圆孔的遗迹。

2. 左心房 构成心基的左后部，左心耳是圆锥状盲囊，向左向前凸出，内壁也有梳状肌。在左心房背侧壁的后部，有4～5个肺静脉入口。左心房下方有一左房室口与左心室相通。

（二）心室

1. 构造 心壁由心外膜、心肌膜和心内膜组成。

（1）**心外膜** 为心包浆膜脏层，由间皮和结缔组织构成，紧贴于心肌外表面。

（2）**心肌膜** 为心壁最厚的一层，主要由心肌纤维构成，内有血管、淋巴管和神经等。心肌由房室口的纤维环分为心房和心室两个独立的肌系，所以心房和心室可分别交替收缩和舒张。心房肌较薄，分深、浅两层，浅层为左右心房共有，深层为各心房所独有。心室肌较厚，其中左心室壁最厚，有些地方为右心室壁的3倍，但心尖部较薄。心室壁的肌纤维呈螺旋状排列。

（3）**心内膜** 薄而光滑，紧贴于心肌内表面，并与血管的内膜相延续。心瓣膜是由心内膜折叠与夹在其中的致密结缔组织构成。

2. 右心室 位于心的右前部右心房的下方，顶端向下，不达心尖。其入口为右房室口，出口为肺动脉口。

右房室口以致密结缔组织构成的纤维环为支架，环上附着有3片三角形瓣膜，称三尖瓣或右房室瓣，由角瓣、壁瓣和隔瓣组成。其游离缘朝向心室，通过腱索连于心室的乳头肌。乳头肌为凸出于心室壁的圆锥形肌肉。当心房收缩时，房室口打开，血液由心房流入心室；当心室收缩时，心室内压升高，血液将瓣膜向上推使其相互合拢，关闭房室口。由于腱索的牵引，瓣膜不能翻向心房，从而可防止血液倒流。

肺动脉口位于右心室的左上方，也有一纤维环支持，环上附着3片半月形的瓣膜，称半月瓣。每片瓣膜均呈袋状，袋口向着肺动脉。当心室收缩时，瓣膜开放，血液进入肺动脉；当心室舒张时，室内压降低，肺动脉内的血液倒流入半月瓣的袋口，使其相互靠拢从而关闭肺动脉口，防止血液倒流入右心室。

心室内面，在室中隔上有横过室腔走向室侧壁的心横肌，称隔缘肉柱，内有房室束或房室束的右脚，有防止心室过度扩张的作用。

3. 左心室 构成心室的左后部，室腔伸达心尖，室腔的上方有左房室口和主动脉口。左房室口纤维环上附着有两片瓣膜，称二尖瓣，由一隔瓣和一壁瓣组成，也称左房室瓣，其结构和作用同三尖瓣，房室束的左脚位于室间隔心内膜下。主动脉口为左心室的出口，纤维环上附着有 3 片半月瓣，其结构及作用同肺动脉口的半月瓣。左心室内也有心横肌。

四、心脏血管

心脏本身的血液循环称为冠状循环，由冠状动脉、毛细血管和心静脉组成。冠状动脉有左、右两支，分别由主动脉根部发出，沿冠状沟和左、右纵沟伸延，分支分布于心房和心室，在心肌内形成丰富的毛细血管网。

心静脉包括心大静脉、心中静脉和心小静脉。心大静脉和心中静脉伴随左、右冠状动脉分布，最后注入右心房的冠状窦，心小静脉分成数支，在冠状沟附近直接开口于右心房。

五、心脏的传导系统和神经支配

1. 心脏的传导系统　由特殊的心肌纤维组成（图 7-5），其主要功能是产生并传导心搏动的冲动至整个心脏，调控心脏的节律性运动。心脏的传导系统包括窦房结、房室结、房室束和浦肯野氏纤维。

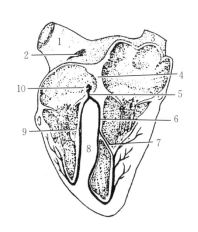

图 7-5　心的传导系统示意图

1. 前腔静脉　2. 窦房结　3. 后腔静脉　4. 房中隔　5. 房室束　6. 房室束的左脚
7. 心横肌　8. 室中隔　9. 房室束的右脚　10. 房室结

（资料来源：杨银凤，《家畜解剖学及组织胚胎学》，2011）

（1）窦房结　位于前腔静脉和右心耳间界沟内的心外膜下，除分支到心房肌外，还分出数支结间束与房室结相连。

（2）房室结　位于房中隔右房侧的心内膜下、冠状窦的前面。

（3）房室束　为房室结的直接延续，在室中隔上部分为一较细的右束支（右脚）和一较粗的左束支（左脚），分别在室中隔的左室侧和右室侧心内膜下延伸，分出小分支至室中隔，还分出一些分支通过心横肌到心室侧壁。上述的小分支在心内膜下分散成浦肯野氏纤维，与普通心肌纤维相连接。

2. 心脏的神经 心脏的运动神经有交感神经和副交感神经，前者可兴奋窦房结，使心肌活动加强，因此称为心加强神经；后者作用正好相反，所以称为心抑制神经。心脏的感觉神经分布于心壁各层，其纤维随交感神经和迷走神经进入脊髓和脑。

六、血液在心脏内的流向及其与心搏动和瓣膜的关系

心房和心室有节律地收缩和舒张，可使心腔内的瓣膜开张和关闭，从而保证血液在心腔内按一定方向流动。心房收缩时，心室舒张，此时房内压大于室内压，二尖瓣和三尖瓣被打开，血液经房室口流入心室。此时，肺动脉和主动脉内的压力大于室内压，将半月瓣关闭，动脉内的血液不会倒流回心室。心室收缩时，心房舒张，室内压大于房内压，使二尖瓣和三尖瓣关闭房室口，心室的血液不会逆流入心房；同时，室内压大于动脉内的压力，将半月瓣推开，左、右心室内的血液分别被压入主动脉和肺动脉。心房舒张时，前、后腔静脉和肺静脉的血液分别进入右心房和左心房。

体循环：左心房→左心室→主动脉及分支→全身毛细血管网→全身静脉→前、后腔静脉→右心房。

肺循环：右心房→右心室→肺动脉干及其属支→肺毛细血管网→肺静脉→左心房。

第二节 动 脉

一、肺干

肺干（图 7-1 至图 7-4）是肺循环的动脉干，在肺干口，起于右心室的动脉圆锥，在主动脉的左侧向上方延伸，至心基的后上方分为左、右两支，分别与同侧支气管一起经肺门入肺。肺动脉在肺内随支气管而分支，最后在肺泡周围形成毛细血管网，在此进行气体交换。

二、主动脉

主动脉是体循环的动脉主干，全身的动脉支都直接或间接由此发出。主动脉起于左心室的主动脉口，分为主动脉弓、胸主动脉和腹主动脉。主动脉弓为主动脉的第 1 段，自主动脉口斜向后上方，呈弓状延伸至第 6 胸椎腹侧；然后沿胸椎腹侧向后延续至膈，此段称胸主动脉；最后穿过膈上的主动脉裂孔进入腹腔，称为腹主动脉。腹主动脉继续在腰椎下方向后延伸，在第 5 至第 6 腰椎腹侧分为左、右髂外动脉和左、右髂内动脉。升主动脉在其起点、半月瓣的直远侧发出左、右冠状动脉。右冠状动脉（图 7-1、图 7-2）在冠状沟中走至心右侧，然后在右纵沟中向远侧延伸成为右室间支或

窦下室间支。它沿途以隔支分布于室间隔，以心房支分布于右心房及以心室支分布于右心室。左冠状动脉发出左室间支或锥旁室间支，然后走至左侧，在冠状沟中向后延伸。它沿途以隔支分布于室间隔，以心房支分布于左心房以及以心室支分布于左心室。

下面对体循环的动脉将按头颈部的动脉、前肢的动脉、胸主动脉、腹主动脉、后肢的动脉和骨盆部的动脉分部位进行描述。

（一）头颈部的动脉

升主动脉在转向后方形成主动脉弓时，先后分出臂头干和左锁骨下动脉两条大动脉供应头颈部和胸廓。臂头干向前延伸不远分出双颈干，主干延续为右锁骨下动脉。

1. 双颈干　双颈干与椎动脉一起分布于头颈部。双颈干在胸内分为左、右颈总动脉（图7-9）。

2. 颈总动脉　颈总动脉在气管背外侧沿颈部上行，沿途发出小支到周围结构，在枢椎平面分出以下分支（图7-7）：

（1）甲状腺后动脉　分布于甲状腺后部。

（2）甲状腺中动脉　分布于甲状腺中部。

（3）喉前动脉　分布于甲状腺前部和甲状旁腺；分出咽支至咽后部，并继续前行分布于喉。

（4）枕动脉　在寰椎翼后缘平面分出，沿寰椎窝向前背侧延伸，分支到周围肌肉，以后进入翼孔，在此与椎动脉吻合。

（5）颈内动脉　其起始部增大，形成颈动脉球。后者被来自颈前神经节、舌咽神经和迷走神经的致密神经丛所包围。颈内动脉与颈内动脉神经相伴继续走向背侧，穿过颈动脉管，加入硬膜外前异网。

3. 颈外动脉　颈总动脉发出颈内动脉之后，延续为颈外动脉。颈外动脉有下列分支（图7-6、图7-7）：

（1）咽升动脉　分布于咽和软腭。

（2）髁动脉　与舌下神经一起穿过舌下管，分布于硬膜及其附近硬膜外腔的组织。

（3）舌动脉　发出咽支至咽前部，然后进入舌，分布于舌。小分支分布于下颌间部。

（4）耳后动脉、颞浅动脉和面动脉干

① 耳后动脉　伸至耳后，分出耳外侧支、耳中间支和耳深动脉到该部肌肉。它还分出腮腺支到腮腺，分出枕支分布于项部肌肉。枕支还分出脑膜支，脑膜支穿过乳突孔形成脑膜后动脉至小脑膜。

② 颞浅动脉　有以下分支：

A. 面横动脉　分布于咬肌区。咬肌支分布于靠近其起始部的咬肌。

B. 耳前动脉　分布于耳的前内侧部，最后与耳后动脉吻合。颞浅动脉越过颧弓到眶上区。

③ 面动脉干　走向前腹侧，分出以下几支：腮腺支至腮腺；到咬肌的分支；下唇动脉到颊腹侧区和下唇；口角动脉到颊中间区和口角；眼角动脉到下眼睑区和眼内侧角。

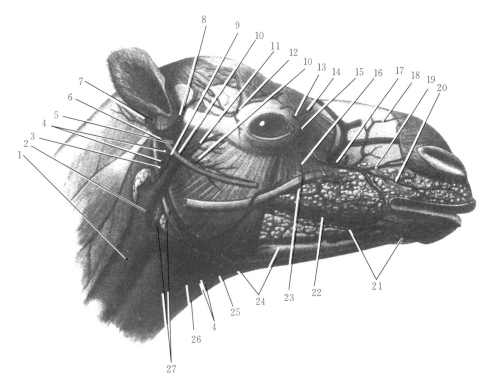

图 7-6　头部浅层动脉

1. 颈外静脉　2. 上颌静脉　3. 耳后动脉　4. 腮腺支　5. 面神经颊支　6. 枕支　7. 耳深动脉
8. 耳前动脉　9. 颞浅动脉　10. 面横动脉　11. 咬肌支　12. 眶上动脉　13. 颧动脉
14. 鼻背后动脉　15. 下睑内侧动脉　16. 眼角动脉　17. 眶下动脉　18. 鼻背前动脉
19. 鼻外侧动脉　20. 上唇动脉　21. 颏支　22. 下唇动脉　23. 口角动脉　24. 舌下支
25. 面静脉　26. 下颌淋巴结　27. 下颌腺
（资料来源：雷治海，《骆驼解剖学》，2002）

4. 上颌动脉　由颈外动脉延续而成，在翼肌内侧前行（图 7-7），有以下分支：

（1）下齿槽动脉　进入下颌孔之前分出两支：

① 颞深后动脉至颞肌　小的咬肌支与咬肌神经一起延伸至咬肌。

② 到翼肌的分支　下齿槽动脉穿过下颌管，分布于下颌齿。在前方，两颏支出颏孔分布于颏和下唇。

（2）翼肌支动脉　分布至翼肌。

（3）脑膜中动脉　穿过卵圆孔分布于脑膜。

（4）颊动脉　分布于颊后背侧区。

（5）眼外动脉　分出 1 个或 2 个前支和硬膜外前异网至异网外部，然后分散形成眼异网。眼异网有以下分支：①眶上动脉至眶上部；②泪腺动脉到眶周脂肪和泪腺；③颞深前动脉到颞肌；④肌支到眼肌；⑤视网膜中央动脉到视网膜；⑥睫状动脉到睫状体；⑦筛外动脉到嗅球和鼻腔后部。眼异网的后部与硬膜外前异网外部相延续。

（6）腭降动脉　分布于鼻腔、软腭和硬腭。

（7）颧动脉　分出鼻背动脉到鼻背侧面和下睑内侧动脉到下眼睑。

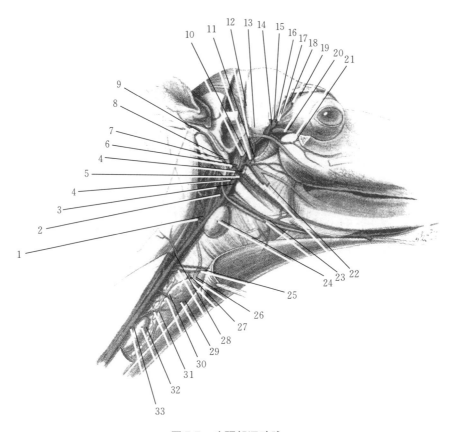

图 7-7　头颈部深动脉

1. 枕动脉　2. 颈内动脉　3. 髁动脉　4. 面动脉　5. 上颌动脉　6. 颞浅动脉　7. 耳后动脉
8. 腮腺支　9. 枕支　10. 翼肌支　11. 颞深后动脉　12. 脑膜中支　13. 咬肌动脉
14. 前支和硬膜外前异网　15. 颞深前动脉　16. 眼外动脉　17. 泪腺动脉　18. 肌支
19. 眶上动脉　20. 上颌动脉　21. 颊动脉　22. 下齿槽动脉　23. 舌动脉　24. 咽后内侧淋巴结
25. 喉前动脉　26. 咽支　27. 甲状腺前支　28. 喉前动脉　29. 甲状腺　30. 甲状腺中动脉
31. 甲状腺后动脉　32. 颈深前淋巴结　33. 颈外动脉

（资料来源：雷治海，《骆驼解剖学》，2002）

（8）眶下动脉　穿过眶下管，分布于上颌齿。在眶下动脉出眶下孔处有以下分支：
①鼻背前动脉到鼻背面；②鼻外侧动脉到鼻外侧面；③上唇动脉到上唇。

5. 供应脑部的动脉（图 7-8）

（1）基底动脉　椎动脉与枕动脉在寰椎的翼孔中吻合。然后，吻合动脉穿过椎外
侧孔，与脊髓腹侧动脉吻合形成基底动脉。基底动脉走向前方，分支供应菱脑，最后
连入大脑动脉环或韦利斯氏环。

（2）硬膜外前异网　位于静脉窦内，由颈内动脉、上颌动脉和眼外动脉的分支构
成。4 条血管从此网走向背侧，垂体前后每侧各有 2 支到大脑动脉环；前方的 2 支代表
颈内动脉，后方的 2 支形成大脑后动脉。从大脑动脉环上分出的血管分布到中脑和前
脑。嗅球由筛动脉的分支供应。

脑膜由来自大脑动脉环的脑膜前动脉、上颌动脉的脑膜中动脉和耳后动脉枕支的

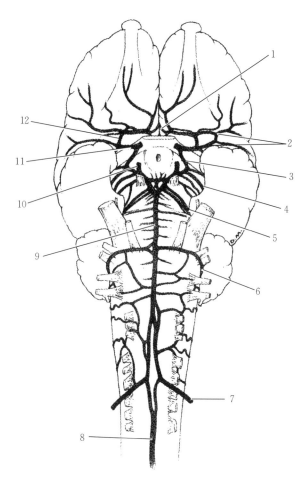

图 7-8　脑部动脉示意图

1. 前交通动脉　2. 大脑中动脉　3. 后交通动脉　4. 大脑后动脉　5. 小脑前动脉　6. 小脑后动脉
7. 椎动脉　8. 脊髓腹侧动脉　9. 基底动脉　10. 与硬膜外前异网的后连接
11. 颈内动脉（与硬膜外前异网的前连接）　12. 大脑前动脉肌

（资料来源：雷治海，《骆驼解剖学》，2002）

脑膜后动脉供应。脑膜后部的一小部分也由髁动脉供应。

6. 锁骨下动脉　左、右锁骨下动脉主要供应体壁血液的需求。在胸内，锁骨下动脉有以下分支（图 7-9）：

（1）肋颈干　肋颈干走向背侧，分出颈深支，然后继续向后走成为肋间最上动脉。颈深支穿过第 1 肋间隙供应颈基部的深层肌。肋间最上动脉分出前 2 条或 3 条（第 1 和第 2 或第 1～3）肋间背侧动脉。每一条肋间背侧动脉分出背侧支和脊髓支。背侧支大，从髂肋肌与最长肌之间走出，供应该部肌肉。脊髓支穿过椎间孔，供应脊髓及其周围的结构。

（2）椎动脉　椎动脉单独分出或与肋颈干起一总干，走向前背侧，在第 1 肋前方分出颈深动脉后，进入第 6～7 颈椎之间的椎间孔。颈深动脉供应颈基部的深层肌。椎动脉继续走向前方，一部分走行于椎管内，一部分走行于横突管内，分出脊髓支和

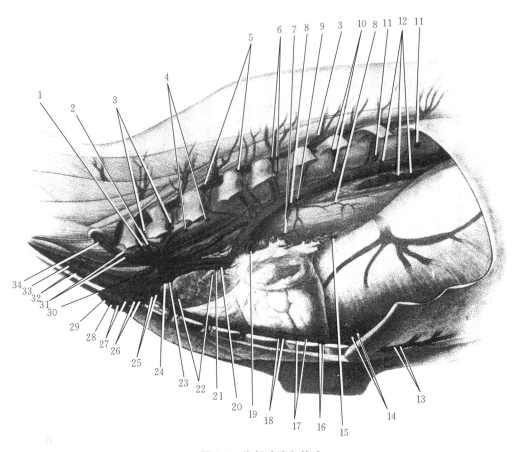

图 7-9　胸部动脉和静脉

1. 颈深支　2. 肋间最上动脉　3. 肋间背侧动脉　4. 肋间淋巴结　5. 脊髓支　6. 背侧支
7. 支气管支　8. 食管支　9. 支气管食管动脉　10. 肋间背侧动、静脉　11. 胸主动脉淋巴结
12. 纵隔后淋巴结　13. 腹壁前动、静脉　14. 肌膈动、静脉　15. 膈淋巴结　16. 穿支　17. 胸内动、静脉
18. 肋间腹侧支　19. 左气管支气管淋巴结　20. 左锁骨下动脉　21. 臂头干　22. 胸腺支
23. 锁骨下静脉　24. 纵隔前淋巴结　25. 肋颈干　26. 腋动、静脉　27. 胸外静脉　28. 颈浅腹侧淋巴结
29. 颈浅动脉　30. 胸导管　31. 椎动、静脉　32. 颈外静脉　33. 颈总动脉　34. 颈深动脉

（资料来源：雷治海，《骆驼解剖学》，2002）

肌支。脊髓支与脊髓腹侧动脉吻合；肌支出椎间孔供应周围的肌肉。椎动脉最后在寰椎的翼孔内与枕动脉吻合。

（3）胸廓内动脉　胸廓内动脉在胸廓内沿肋的肋骨肋软骨结合处向后走，分出纵隔支、穿支和肋间腹侧支，在第 6 肋间隙分为 2 支，腹壁前动脉分布于腹壁腹侧肌；肌膈动脉分布于膈的肋部。

（4）颈浅动脉　在腋脉管内侧出胸腔，供应颈基部的浅层结构，包括颈浅背侧和腹侧淋巴结。

（二）前肢的动脉

前肢的动脉主干由锁骨下动脉延续而成，伸至指端，在肩关节内侧称腋动脉，在

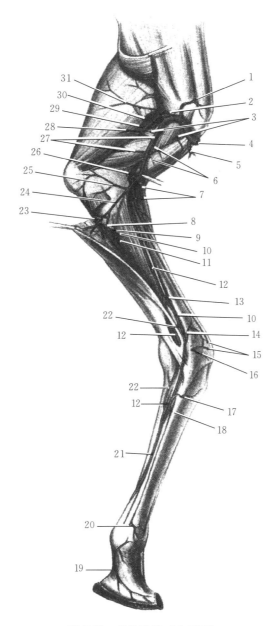

图 7-10　前肢动脉（内侧面）

1. 肩胛上动脉　2. 肩胛下动脉　3. 旋肱前动脉　4. 腋动脉　5. 胸廓外动脉　6. 二头肌动脉

7. 前臂浅前动脉　8. 尺骨和桡骨滋养动脉　9. 骨间前动脉　10. 与桡动脉吻合支　11. 骨间后动脉

12. 正中动脉　13. 桡动脉　14. 掌内侧支　15. 腕背网　16. 腕背侧近支　17. 腕背侧远支

18. 掌深弓　19. 第 3 指掌远轴侧远固有动脉　20. 第 3 指掌远轴侧近固有动脉　21. 指掌侧第 3 总动脉

22. 掌外侧支　23. 前臂深动脉　24. 骨间总动脉　25. 尺侧副动脉　26. 肘横动脉

27. 臂深动脉　28. 臂动脉　29. 桡侧副动脉　30. 旋肱后动脉　31. 胸背动脉

（资料来源：雷治海，《骆驼解剖学》，2002）

臂部称臂动脉，在前臂部称正中动脉，在掌远端称指掌侧第 3 总动脉。

1. 腋动脉　粗约 12mm，由锁骨下动脉延续而来，在腹侧斜角肌腹侧绕过第 1 肋

前缘进入腋间隙，在胸侧壁与肩内侧肌之间向后走，于分出旋肱前动脉之后延续为臂
动脉（图 7-9 至图 7-11）。腋动脉有以下分支：

（1）胸廓外动脉　粗约 4mm，有同名静脉伴行，在第 1 肋腋淋巴结附近分为一前
支和一后支，分布于胸肌和第 1 肋腋淋巴结。

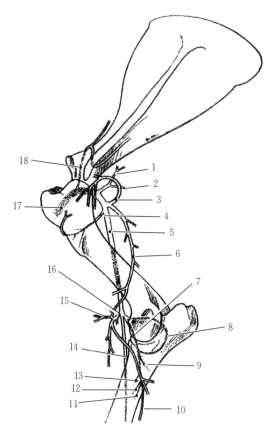

图 7-11　腋动脉和臂动脉示意图

1. 肩胛下动脉　2. 胸背动脉　3. 旋肱后动脉　4. 旋肱前动脉　5. 臂动脉　6. 桡侧副动脉
7. 骨间总动脉　8. 尺侧副动脉　9. 前臂深动脉　10. 骨间后动脉　11. 与桡动脉吻合支
12. 骨间前动脉　13. 尺骨与桡骨滋养动脉　14. 正中动脉　15. 前臂浅前动脉
16. 肘横动脉　17. 腋动脉　18. 肩胛上动脉
（资料来源：雷治海，《骆驼解剖学》，2002）

（2）肩胛上动脉　粗约 5mm，在第 1 肋外侧自腋动脉分出，随肩胛上神经走行，
靠近盂上结节分为上行支和下行支，上行支分布于冈上肌和肩胛下肌，下行支绕过肩
胛骨的前缘和肩峰腹侧至冈下肌。

（3）肩胛下动脉　粗约 5.5mm，沿肩胛骨的后缘走行，约在肩胛骨后缘中部分为
一内侧支和一外侧支，分布于肩胛下肌、冈下肌、大圆肌和臂三头肌的长头。肩胛下
动脉还分出胸背动脉、旋肩胛动脉等。胸背动脉粗约 4.5mm，伸过臂三头肌内侧面分
布于背阔肌。旋肩胛动脉粗约 4mm，分为一内侧支和一外侧支，分布于冈下肌、肩胛
下肌等。

（4）旋肱后动脉　粗约 6.5mm，沿肩关节走向外侧，供应关节囊、小圆肌和三角肌。旋肱后动脉在其起始部分出桡侧副动脉，伴随桡神经绕过肱骨后缘，供应臂肌、肘肌和臂三头肌。桡侧副动脉的终末支与肘横动脉吻合。

（5）旋肱前动脉　穿过喙臂肌，绕过肱骨的前缘，供应喙臂肌和臂二头肌。

2. 臂动脉　臂动脉沿臂内侧面和正中神经的后方走向远侧，分出骨间总动脉之后延续为正中动脉。臂动脉有以下分支（图 7-10、图 7-11）：

（1）臂深动脉　有 1 支或 2 支，向后至臂三头肌。

（2）二头肌动脉　有 1 支或 2 支，向前横过正中神经内侧面，分支分布于臂二头肌。

（3）肘横动脉　粗约 7.5mm，在肘关节和臂二头肌之间走向外侧，分为一近支和一远支，分布于肘关节和前臂前外侧面的所有肌肉。近支的上行支与桡侧副动脉吻合。单峰驼的肘横动脉在其起始部分出前臂浅前动脉分布于前臂前内侧面的皮肤，而双峰驼的前臂浅前动脉与犬的一样，由臂动脉分出。

（4）尺侧副动脉　粗约 3mm，伴同名静脉沿臂三头肌内侧头前下缘向后下方延伸，至肱骨鹰嘴窝内侧壁后缘分为一外侧支和一内侧支，分支分布于肘的内侧面。

（5）骨间总动脉　在腕桡侧屈肌与指深屈肌之间走向后方，有以下分支：①前臂深动脉供应前臂后内侧面的肌肉。这与其他反刍动物的不同，它们自正中动脉分出。②滋养动脉至桡骨和尺骨。③骨间前动脉为一小血管，穿过前臂近骨间隙，仅分布于骨膜。④与桡动脉的吻合支向远侧穿过指深屈肌桡骨头，在腕近端与桡动脉吻合。⑤骨间后动脉发达，在指深屈肌尺骨头覆盖下沿桡骨的后外侧缘向后走，在腕近侧分出吻合支至桡动脉，然后分为腕背侧支和掌侧支。腕背侧支加入腕背网，腕掌侧支与桡动脉的掌外侧支吻合。⑥骨间返动脉：双峰驼的分为内侧支和外侧支，分别与尺侧副动脉的内侧支和外侧支吻合。

3. 正中动脉　正中动脉（图 7-10、图 7-12）在腕桡侧屈肌与桡骨之间的沟中沿前臂的内侧面走行，在腕近侧向前分出桡动脉，然后穿过腕管，在骨间中肌腱与指深屈肌腱之间走出腕管，在掌部沿骨间中肌掌内侧缘延伸，后转至指深屈肌腱掌侧向远端延伸成为指掌侧第 3 总动脉。正中动脉在腕管内分出 1 小支或 2 小支至腱鞘和关节囊。正中动脉还分出远穿支与第 3 掌心动脉吻合，穿过滑车间切迹与掌背侧第 3 动脉吻合。

桡动脉在其起始部接受 2 个吻合支，一支来自骨间总动脉，另一支来自骨间后动脉。然后，桡动脉分为掌内侧支和外侧支。掌内侧支沿腕的掌内侧面走行，有以下分支：①腕背近支至腕背网。②2 个或 3 个分支至腕关节。③腕背远支至腕背网。④掌深弓在掌骨与骨间中肌之间走行，分出指的掌深动脉。掌内侧支末端与掌近侧部的正中动脉吻合。掌外侧支接受骨间后动脉的吻合支，沿腕的掌外侧面向远端延伸，在腕近侧有以下分支：①骨间支在桡骨与尺骨之间延伸至腕背网。②腕背近支至腕背网。掌外侧支在副腕骨的内侧分出一外侧支。③腕背远支至腕背网。④一分支至掌深弓。掌外侧支末端在腕远端加入正中动脉。

腕背网供应指背侧深动脉，分出掌背侧第 3 动脉，后者在掌骨背侧面的沟中走向

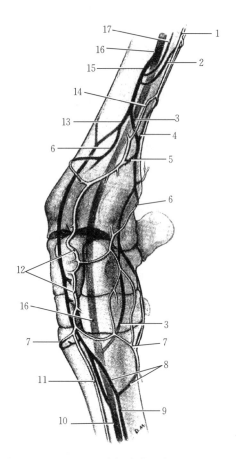

图 7-12　腕部动脉示意图

1. 骨间后动脉　2. 与桡动脉吻合支　3. 掌外侧支　4. 掌侧支　5. 骨间支　6. 腕背近支
7. 腕背远支　8. 掌深弓　9. 掌心第 3 动脉　10. 指掌侧第 3 总动脉　11. 掌背侧第 3 动脉
12. 腕背网　13. 掌内侧支　14. 背侧支　15. 桡动脉　16. 正中动脉　17. 骨间总动脉与桡动脉吻合支

（资料来源：雷治海，《骆驼解剖学》，2002）

远端，在球节上方发出以下分支：①第 3 指背轴侧固有动脉至第 3 指背轴侧面。②第 4
指背轴侧固有动脉至第 4 指背轴侧面。③一小血管在伸肌腱之间走向近侧，代表指背
侧第 3 总动脉。④一吻合支至正中动脉的远穿支。

　　掌深弓分出掌心第 3 动脉，后者在掌骨与骨间中肌之间走向远侧，在球节上方与
正中动脉的远穿支吻合，然后分为内侧支和外侧支。内侧支或称第 3 指掌远轴侧近固
有动脉，至第 3 指近侧掌远轴侧面；外侧支或称第 4 指掌远轴侧近固有动脉，至第 4 指
近侧掌远轴侧面（图 7-12）。

　　4. 指掌侧第 3 总动脉　指掌侧第 3 总动脉（图 7-10）约在掌下 1/6 段继承正中动
脉向下延伸，在指间隙近端分为一内侧支和一外侧支。

　　（1）内侧支　分出近指节近端轴侧支、第 3 指掌远轴侧固有动脉和第 3 指掌轴侧
固有动脉。近指节近端轴侧支分出吻合支和指枕支之后，分为掌轴侧支和背轴侧支。
第 3 指掌远轴侧远固有动脉至第 3 指远端掌远轴侧面，它分出的侧支有近指节近端远

轴侧支、近指节远端背远轴侧支、中指节背远轴侧支、中指节掌远轴侧支、远指节掌远轴侧支、远指节背远轴侧支、蹄冠动脉和指枕支。第 3 指掌轴侧固有动脉至第 3 指的掌轴侧面，分出的侧支有近指节远端背轴侧支、中指节近端背轴侧支、中指节远端背轴侧支、中指节掌轴侧支、远指节掌轴侧支、远指节背轴侧支、蹄冠动脉和指枕支。

（2）外侧支　分支情形与内侧支的相似，其中第 4 指掌轴侧固有动脉至第 4 指的掌轴侧面。第 4 指掌远轴侧远固有动脉至第 4 指远端掌远轴侧面。

（三）胸主动脉

胸主动脉是主动脉弓的直接延续，是胸部的粗大动脉主干，沿胸椎椎体腹侧稍偏左向后延伸。胸主动脉的侧支分为壁支和脏支。壁支为成对的肋间背侧动脉，脏支为支气管食管动脉，有以下主要分支（图 7-9）：

1. 支气管食管动脉　分为 2 支，气管支至气管、支气管和肺；食管支至胸部食管。

2. 食管支　至胸部食管。

3. 肋间背侧动脉　有 12 对，前 2 对或 3 对起始于肋间最上动脉，其余均由胸主动脉分出，分布于第 4～12 肋。肋间背侧动脉在肋骨后缘下行之前分出脊髓支和背侧支。

4. 纵隔支　至纵隔。

5. 膈后动脉　供应膈的腰部，起始于两侧的最后肋间动脉、第 1 腰动脉或直接起始于主动脉。

（四）腹主动脉

腹主动脉（图 7-13）是胸主动脉的直接延续，沿腰椎椎体腹侧偏左向后延伸，到第 5、第 6 腰椎处，分成左、右髂内动脉，左、右髂外动脉，及一荐中动脉。腹主动脉的侧支分为壁支和脏支。脏支为腹腔动脉、肠系膜前动脉、肾动脉、肠系膜后动脉、睾丸动脉或子宫卵巢动脉，壁支主要为成对的腰动脉。

1. 腹腔动脉　不成对，短而粗，第 2 腰椎平面自腹主动脉分出，供应肝、脾和胃的血液，紧靠其起始部分为肝动脉和胃左动脉（图 7-14）。

（1）肝动脉　有以下分支：①胃十二指肠动脉分为 2 支，十二指肠前动脉至十二指肠的前部；胃网膜右动脉至瓣胃和皱胃大弯，并与胃网膜左动脉吻合。②肝支至肝。③胃右动脉分出少数分支至皱胃小弯后，分为两条平行走行的血管沿瓣胃小弯延伸，并与胃左动脉吻合。值得注意的是，胃左、右动脉沿瓣胃小弯吻合，而胃网膜左、右动脉沿瓣胃大弯吻合。④脾动脉，骆驼的脾动脉与其他反刍家畜的不同，不是从腹腔动脉分出，而是紧靠肝动脉起始部从肝动脉分出。脾动脉分出胰支至胰后，延伸至脾，供应脾中部和远侧部。

（2）胃左动脉　胃左动脉分支分布于胃和食管后，主干延续为两条平行的血管，沿瓣胃小弯延伸，并与胃右动脉吻合。胃左动脉有以下分支：①瘤胃动脉分为 2 支，瘤胃左动脉至瘤胃的左后部；瘤胃右动脉至瘤胃的右后部，还分出脾支至脾的近侧部。②食管支供应食管末部和瘤胃贲门。③网胃动脉至网胃。④胃网膜左动脉至瓣胃大弯，

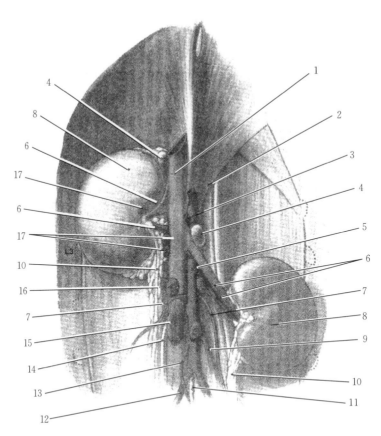

图 7-13　腹主动脉

1. 后腔静脉　2. 腹腔动脉　3. 肠系膜前动脉　4. 肾上腺　5. 腹主动脉　6. 肾动、静脉

7. 卵巢动脉或睾丸动脉　8. 肾　9. 左髂外动脉　10. 输尿管　11. 荐中动脉　12. 髂内动脉

13. 肠系膜后动脉　14. 右髂外动脉　15. 髂外侧淋巴结　16. 腰主动脉淋巴结　17. 肾淋巴结

（资料来源：雷治海，《骆驼解剖学》，2002）

并与胃网膜右动脉吻合。

2. 肠系膜前动脉　是供应肠道的主要血管，在腹腔动脉后方 10～12mm 处起始于腹主动脉，紧靠其起始部分为空肠动脉和结肠右动脉，约在结肠中动脉起始部远侧 100mm 处分为回结肠动脉和空肠动脉（图 7-15）。

（1）空肠动脉　供应空肠的起始部，并分出胰十二指肠后动脉至十二指肠的降部、横部和升部及胰的一小部分。

（2）结肠右动脉　供应升结肠的离心回，紧靠其起始部分出结肠中动脉至横结肠和降结肠的第 1 部分。

（3）回结肠动脉　分出结肠支、回肠动脉和盲肠动脉。结肠支有 3～5 支，分布于升结肠的向心回。回肠动脉分布于回肠。盲肠动脉至盲肠，越过回盲肠连接处，在回肠与盲肠之间走行，供应回肠与盲肠。

（4）空肠动脉　肠系膜前动脉继续在空肠系膜中走向远侧，分成 6 条或 7 条空肠动脉，供应剩余的空肠。

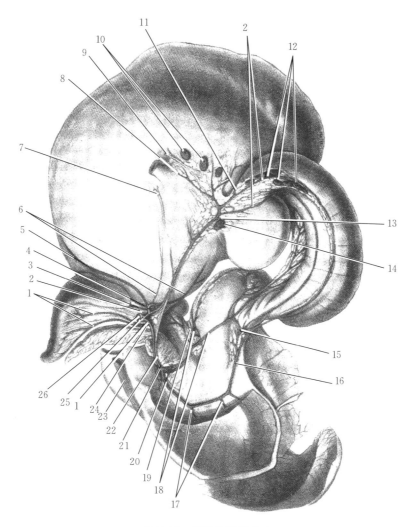

图 7-14　腹腔动脉的分支

1. 脾动脉　2. 胃左动脉　3. 脾支　4. 瘤胃动脉　5. 瘤胃左动脉　6. 瘤胃右动脉　7. 迷走神经背侧干
8. 食管支　9. 迷走神经腹侧干　10. 瘤胃淋巴结　11. 胃网膜左动脉　12. 瓣胃淋巴结　13. 网胃动脉
14. 网胃淋巴结　15. 皱胃淋巴结　16. 胃右动脉　17. 肝支　18. 胃网膜右动脉　19. 十二指肠动脉
20. 胃十二指肠动脉　21. 肝淋巴结　22. 肝动脉　23. 后腔静脉　24. 胰支　25. 腹腔神经节　26. 腹腔动脉

（资料来源：雷治海，《骆驼解剖学》，2002）

3. 肾动脉　肾动脉有左、右 2 条，右肾动脉在肠系膜前动脉后方 10～20mm 处从腹主动脉分出，左肾动脉约在第 4 腰椎平面分出，经肾门入肾（图 7-13）。

4. 卵巢动脉或睾丸动脉　母驼的卵巢动脉和公驼的睾丸动脉各有 2 条，约在第 5 腰椎腹侧从腹主动脉分出。卵巢动脉在卵巢静脉周围弯曲延伸至卵巢，睾丸动脉伸向腹股沟管，经精索至睾丸（图 7-13）。

5. 肠系膜后动脉　在髂内、外动脉之间从腹主动脉分出，分为 2 支，结肠左动脉分布于降结肠的最后部分，直肠前动脉分布于直肠的起始部。直肠的其余部分由来自

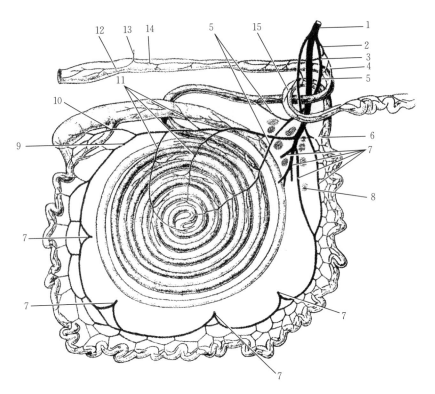

图 7-15　肠系膜前动脉示意图

1. 肠系膜前动脉　2. 结肠中动脉　3. 至降结肠的 2 支　4. 至横结肠的 2 支　5. 结肠右动脉
6. 回结肠动脉　7. 空肠动脉　8. 肠系膜前淋巴中心　9. 回肠动脉　10. 盲肠动脉　11. 结肠支
12. 直肠前动脉　13. 肠系膜后动脉　14. 结肠右动脉　15. 胰十二指肠后动脉

（资料来源：雷治海，《骆驼解剖学》，2002）

阴部内动脉的直肠中动脉、来自会阴腹侧动脉的直肠后动脉和来自荐中动脉的直肠后
背侧动脉供应血液（图 7-13、图 7-15）。

6. 腰动脉　左、右成对，从腹主动脉分出，分布于前 5 个腰节。

7. 髂外动脉　见后肢的动脉。

（五）后肢的动脉

髂外动脉是分布于后肢的动脉主干，向下伸至趾端，在股部称股动脉，在膝关节
后方称腘动脉，在小腿部称胫前动脉，在跗部称足背动脉，在跖部称跖背侧第 3 动脉，
在趾部分为趾背轴侧固有动脉。

1. 髂外动脉　有左、右 2 条，右髂外动脉在卵巢动脉或睾丸动脉后方不远处从腹
主动脉分出，左髂外动脉约在右髂外动脉后方 10mm 处分出，向后伸过髂腰肌的腹腔
面到股环，进入股三角，于分出股深动脉之后，延续为股动脉。髂外动脉有以下分支
（图 7-16）。

（1）旋髂深动脉　至髋结节前腹侧的腹肌和皮肤。

（2）旋髂浅动脉　至阔筋膜张肌。

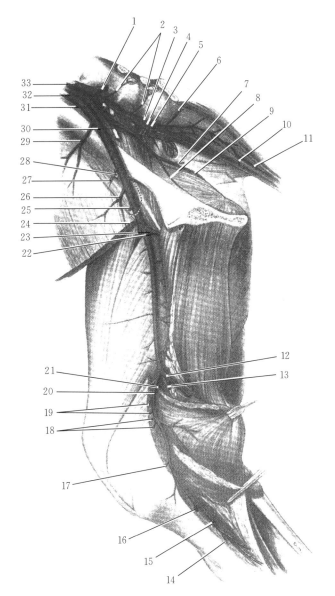

图 7-16 后肢动脉

1. 荐中动脉 2. 腰动脉 3. 腹下淋巴结 4. 臀前动脉 5. 髂腰动脉 6. 髂骨滋养动脉

7. 阴部内动脉 8. 闭孔动脉 9. 臀后动脉 10. 直肠后背侧动脉 11. 尾中动脉 12. 隐动脉

13. 膝降动脉 14. 胫骨滋养动脉 15. 胫后动脉 16. 胫前动脉 17. 膝内侧远动脉

18. 膝中动脉 19. 膝内侧近动脉 20. 腘动脉 21. 股后动脉 22. 股深动脉 23. 旋股外侧动脉

24. 股动脉 25. 阴部腹壁干 26. 腹后动脉 27. 旋髂浅动脉 28. 髂股淋巴结

29. 旋髂深动脉 30. 脐动脉 31. 髂内侧淋巴结 32. 髂外动脉 33. 腹主动脉

(资料来源：雷治海，《骆驼解剖学》，2002)

（3）腹后动脉　至腹肌，特别是腹内斜肌。

（4）阴部腹壁干　有以下分支（图7-16、图7-18）：①腹壁后动脉沿腹直肌的深面延伸，供应腹侧腹肌。②阴部外动脉穿过腹股沟管供应腹股沟浅淋巴结和乳房或包皮。③腹壁后浅动脉至腹侧腹壁的皮肤。

（5）旋股外侧动脉　向前进入股直肌和股内侧肌之间，供应股四头肌。

（6）股深动脉　走向后方，在耻骨肌和内收肌之间延伸，供应股后肌和股内侧肌。

2. 股动脉　在前内侧的缝匠肌、外侧的股内侧肌与后方的耻骨肌和内收肌之间沿股内侧面走向远端，分出股后动脉之后，在腓肠肌两个头之间延续为腘动脉。股动脉有以下分支（图7-16）：

（1）向前方和后方的一系列分支　有12～14支，向前的血管供应缝匠肌和股四头肌，向后的血管供应股内侧肌和股后肌。

（2）隐动脉　在关节近侧自股动脉分出，紧靠其起始部分出膝降动脉，供应膝关节的内侧面。隐动脉在后脚部沿趾深屈肌的内侧缘走向远端，有隐静脉的后支和隐神经与其伴行，在远侧有胫神经伴行。隐动脉分支至跗关节的内、外侧面，并在跗关节跖侧面延续为足底内侧动脉。足底内侧动脉构成主要的足底动脉供应趾部，在远侧跗间关节处分为浅支和深支。深支分出一联系支至跗内侧动脉，此后在跖骨和骨间中肌之间延续为跖底第3动脉。跖底动脉在球节近上方分出第3和第4趾跖远轴侧近固有动脉至第3和第4趾近侧远轴侧面，此后加入趾跖侧总动脉与跖背侧动脉远穿支之间的联系支。浅支沿趾浅和趾深屈肌腱的内侧缘走向远端延续为趾跖侧第3总动脉。趾跖侧第3总动脉在跖骨中部转向外侧，在趾屈肌腱跖侧面到达跖骨远端中线，在球节近上方与跖背侧动脉的远穿支相连，在球节处分出趾间跖侧动脉。趾跖侧总动脉分为第3和第4趾跖轴侧固有动脉至第3趾和第4趾的跖轴侧面。每一条固有动脉分出近趾节跖侧支。近趾节跖侧支在屈肌腱与近趾节之间延伸成为第3和第4趾跖远轴侧远固有动脉，分别至第3趾和第4趾跖远轴侧面。趾间背侧动脉由2条趾轴侧动脉之一分出（图7-16、图7-17）。

（3）股后动脉　是股动脉的最后一个分支，沿腓肠肌的背侧和后缘走行，供应股后肌、腓肠肌和趾浅屈肌。

3. 腘动脉　在腓肠肌两个头之间走向远侧，分出膝近外侧动脉、膝近内侧动脉和膝中动脉至膝关节，然后进入腘肌，分出膝远内侧动脉，再转向外侧，在胫骨外侧髁远侧分为胫前动脉和胫后动脉（图7-16）。

胫后动脉在胫骨和拇长屈肌之间走向远侧，分布于趾深屈肌，途中分出胫骨滋养动脉。

4. 胫前动脉　供应后脚的前外侧肌，在腓骨长肌和趾长伸肌覆盖下沿胫骨的外侧缘走向远外侧，在跗关节近侧分出浅支，后者伸过跗关节的屈肌面，与趾背侧第3总动脉吻合。胫前动脉在趾伸肌腱深方、跗关节的屈肌面延续为足背动脉（图7-16、图7-17）。

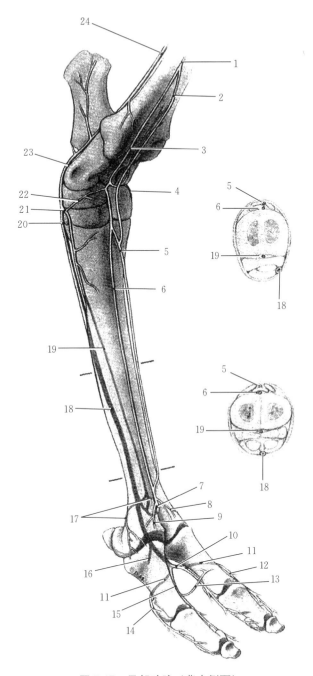

图 7-17 足部动脉（背内侧面）

1. 胫前动脉　2. 浅支　3. 足背动脉　4. 跗外侧动脉　5. 趾背侧第 3 总动脉　6. 跖背侧第 3 动脉
7. 第 3 趾穿支　8. 第 4 趾背轴侧固有动脉　9. 第 3 趾背轴侧固有动脉　10. 第 4 趾跖轴侧固有动脉
11. 近趾节跖侧支　12. 第 4 趾跖远轴侧远固有动脉　13. 趾间背侧动脉　14. 第 3 趾跖远轴侧固有动脉
15. 第 3 趾跖轴侧固有动脉　16. 趾间跖侧动脉　17. 第 3 和第 4 趾跖远轴侧近固有动脉　18. 趾跖侧第 3 总动脉
19. 趾跖侧第 3 动脉　20. 浅支　21. 深支　22. 跗内侧动脉　23. 足底内侧动脉　24. 隐动脉

（资料来源：雷治海，《骆驼解剖学》，2002）

5. 足背动脉　构成主要的趾背侧动脉供应趾部，分出跗内侧动脉和跗外侧动脉至跗关节，然后分为趾背侧第 3 总动脉和跖背侧第 3 动脉。趾背侧第 3 总动脉接受胫前动脉的浅支，在趾长和趾外侧伸肌腱之间走向远侧，在球节近上方与跖背侧第 3 动脉吻合（图 7-17）。

6. 跖背侧第 3 动脉　在跖骨背侧面的沟中走向远侧，在球节近上方与趾背侧第 3 总动脉吻合，然后分出下列血管：①第 3 趾背轴侧固有动脉至第 3 趾背轴侧面。②第 4 趾背轴侧固有动脉至第 4 趾背轴侧面。③第 3 远穿支穿过趾间隙与跖侧血管吻合。

（六）骨盆部的动脉

髂内动脉（图 7-16）是骨盆部的动脉主干，向后伸过荐骨翼的骨盆面进入盆腔，其末端在坐骨小孔分为臀后动脉和阴部内动脉。髂内动脉有以下分支：

1. 脐动脉　在髂内动脉自起始部分出，沿膀胱侧韧带的前缘走行。成年驼的脐动脉无生理作用，形成膀胱圆韧带（图 7-16）。

2. 臀前动脉　向后伸过荐骨翼的骨盆面，经过坐骨大孔走向阔筋膜张肌、臀中肌和臀深肌，并在其内分支；沿途有以下分支：髂腰动脉为供应髂腰肌的一条小血管。滋养动脉至髂骨体（图 7-16）。

3. 闭孔动脉　沿髂骨体的后缘向后延伸，穿过闭孔的前外侧缘，分支分布于内收肌、耻骨肌和闭孔外肌的近侧部（图 7-16）。

4. 臀后动脉　向后延伸穿过坐骨小孔，分出肌支分布于臀肌、髋关节的回旋肌和股后肌的近侧部；还分出小的会阴背侧动脉至坐骨直肠窝（图 7-16）。

5. 阴部内动脉

（1）母驼的阴部内动脉（图 7-16、图 7-18）　阴部内动脉紧靠其起始部向内侧分出阴道动脉。阴道动脉有以下分支供应泌尿生殖器官：①子宫动脉至子宫体和子宫角，与卵巢动脉的分支吻合。②输尿管支至盆腔输尿管和大部分腹腔输尿管。③膀胱后动脉至膀胱。④阴道支至子宫颈和阴道起始部。阴部内动脉继续向后延伸，分出 3 支，直肠中动脉至直肠，阴道支至阴道后部，尿道动脉至尿道。然后分成会阴腹侧动脉和阴蒂动脉。会阴腹侧动脉分出直肠后动脉，再向后延伸供应肛门外括约肌、前庭肌及其周围的皮肤。直肠后动脉经过肛门外括约肌深部供应直肠后部和肛门的腹外侧部。直肠和肛门的背侧及背外侧部由尾正中动脉的分支供应，在第 1 尾椎平面分出。阴蒂动脉转向腹侧，在前庭肌的近前方伸过尿道盆部的外侧面，分出 3 支，前庭球动脉至前庭球，阴蒂深动脉至阴蒂脚，乳房支至乳房；乳房支然后沿阴蒂腹侧面延伸成为阴蒂背侧动脉。

（2）公驼的阴部内动脉　阴部内动脉走行不远向内侧分出前列腺动脉。前列腺动脉有以下分支供应泌尿生殖器官：①膀胱后动脉至膀胱后部。②输精管支至输精管和附睾。③输尿管支至输尿管。

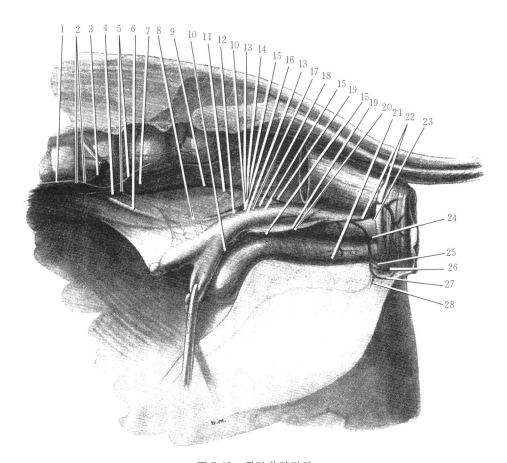

图 7-18　母驼盆腔动脉

1. 腹主动脉　2. 腰内脏神经　3. 髂内动脉　4. 肠系膜后神经节　5. 腹下神经　6. 脐动脉　7. 肠系膜后动脉
8. 盆丛　9. 臀前动脉　10. 子宫动脉　11. 闭孔动脉　12. 输尿管支　13. 盆神经　14. 臀后动脉
15. 阴部内动脉　16. 阴道动脉　17. 膀胱后动脉　18. 阴道动脉的阴道支　19. 直肠中动脉
20. 阴部内动脉的阴道支　21. 尿道动脉　22. 会阴腹侧动脉　23. 直肠后动脉　24. 阴蒂动脉
25. 前庭球动脉　26. 阴蒂深动脉　27. 阴蒂背侧动脉　28. 乳房支

（资料来源：雷治海，《骆驼解剖学》，2002）

　　阴部内动脉继续向后延伸，分出 4 支：①直肠中动脉至直肠。②前列腺支至前列
腺。③尿道支至尿道盆部。④直肠后动脉分出会阴腹侧动脉，然后经过肛门外括约肌
的深面，供应直肠和肛门的后腹侧部。肛门和直肠的背外侧部由尾正中动脉的一支供
应。会阴腹侧动脉供应肛门外括约肌、球海绵体肌、阴茎退缩肌及其周围区域的皮肤
（图 7-19）。

　　阴部内动脉延续为阴茎动脉。阴茎动脉在坐骨弓处分出下列分支：①阴茎球动脉
至阴茎球。②阴茎深动脉至阴茎脚。③阴囊后支至阴囊。然后，阴茎动脉沿阴茎的背
侧面延伸成为阴茎背侧动脉，分出小支至白膜及其周围组织；在包皮穹窿处分出包皮
支至包皮内层。

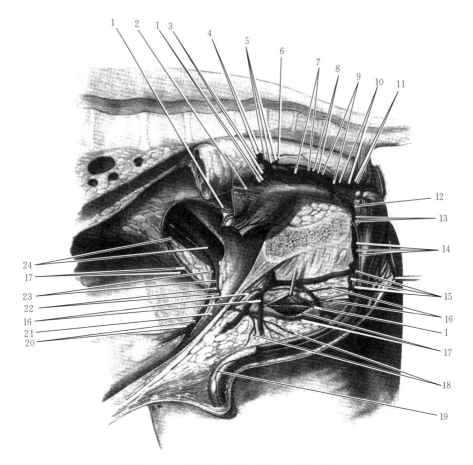

图 7-19 9 月龄公驼盆腔动脉（阴茎已伸展）

1. 输精管支 2. 输尿管支 3. 前列腺动、静脉 4. 阴部内动、静脉 5. 膀胱后动、静脉

6. 直肠中动脉 7. 前列腺支 8. 会阴腹侧动、静脉 9. 尿道动、静脉 10. 阴茎动、静脉

1. 直肠后动、静脉 12. 阴茎球动脉 13. 阴茎深动脉 14. 阴茎背侧动、静脉和神经 15. 阴囊背侧支

16. 阴囊腹侧支 17. 睾丸动、静脉 18. 包皮支 19. 阴茎背侧动脉的包皮支 20. 腹壁后动、静脉

21. 腹壁后浅动脉 22. 阴部外动、静脉 23. 阴部腹壁干 24. 髂外动、静脉

（资料来源：雷治海，《骆驼解剖学》，2002）

第三节 静 脉

　　骆驼的静脉包括肺循环和体循环的静脉。肺循环的静脉是肺静脉，有 4～5 支，注入左心房。每一肺叶具有各自的静脉，或直接开口于左心房，或与其他肺静脉共同注入左心房。体循环的静脉汇成前腔静脉、后腔静脉和心静脉 3 个静脉系，注入右心房。

一、前腔静脉

　　前腔静脉是收集头颈部、前肢、胸壁部分腹壁的静脉血。由左、右颈外静脉在第 1

肋平面连接构成。胸导管汇入左颈外静脉或前腔静脉。

（一）头颈部的静脉

头颈部的静脉血液由颈外静脉（图7-20）导引。颈内静脉是一条小血管，仅收集颈部一些结构的静脉血。颈外静脉由舌面静脉和上颌静脉汇合而成。

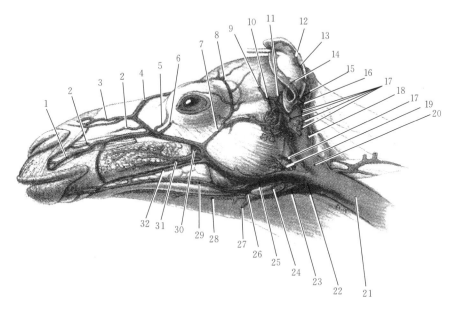

图 7-20　头部浅静脉

1. 上唇静脉　2. 鼻外侧静脉　3. 鼻背侧静脉　4. 额静脉　5. 眼角静脉　6. 颧静脉　7. 面横静脉
8. 眶上静脉　9. 颞浅静脉　10. 颞下颌丛　11. 耳前静脉　12. 耳内侧静脉　13. 耳中间静脉
14. 耳外侧静脉　15. 枕静脉　16. 耳深静脉　17. 腺支　18. 耳后静脉　19. 咬肌腹侧静脉
20. 上颌静脉　21. 颈外静脉　22. 舌面静脉　23. 舌静脉　24. 下颌淋巴结　25. 面静脉
26. 舌下静脉　27. 舌骨弓　28. 颏下静脉　29. 下唇浅静脉　30. 面深静脉　31. 颊浅静脉　32. 下唇深静脉

（资料来源：雷治海，《骆驼解剖学》，2002）

1. 舌面静脉　舌面静脉由舌静脉和面静脉汇合而成，通过舌静脉收集口腔结构的静脉血液，通过面静脉导引面部结构的血液（图7-20）。

（1）舌静脉　在下颌淋巴结平面由舌下静脉和颏下静脉汇合而成。舌下静脉收集口腔底的血液。舌深静脉导引舌的血液。舌的深静脉在下颌舌骨肌覆盖下汇入舌下静脉。颏下静脉收集下颌间部的血液。舌骨弓在舌骨前缘连接左、右颏下静脉。

（2）面静脉　沿咬肌前缘走向前背侧，继之在眶腹侧延伸，然后到达鼻背。沿途有以下侧支注入面静脉：①咬肌腹侧静脉，来自咬肌。②下唇浅静脉，导引下唇血液。③下唇深静脉，收集下唇血液。④颊浅静脉，收集颊部血液。⑤上唇静脉，收集上唇血液。⑥鼻外侧静脉，收集鼻外侧区的血液。⑦鼻背侧静脉，收集鼻背的血液。⑧眼角静脉，收集内眼角的血液。面静脉沿途与以下静脉吻合：①面深静脉，在颊后部与面静脉吻合。面深静脉接收颊部的颊深静脉之后，在咬肌深面向后延伸，接受颞深静脉，最后汇入上颌静脉。②面横静脉，在外眼角下方与面静脉吻合。③颧静脉，在内眼角下方与面静脉吻合。④额静脉，在眼内侧鼻背上与面静脉吻合。额静脉穿过眶上管开口于眼外背侧静脉（图 7-21）。后者加入眼丛。眼丛经眶圆孔注入海绵窦。

2. 上颌静脉　上颌静脉在腮腺覆盖之下沿下颌骨后缘向前背侧延伸，沿途接收以下侧支（图 7-20）：

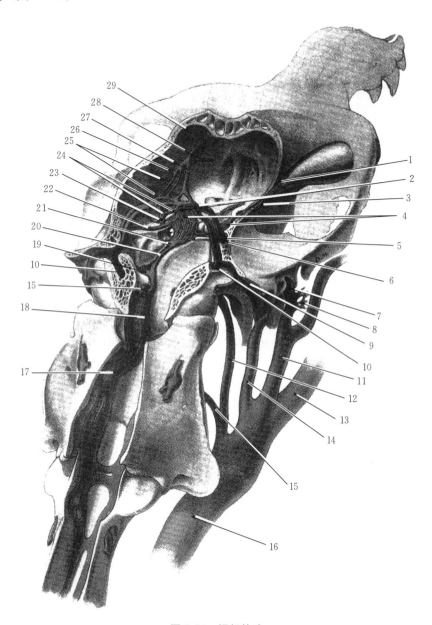

图 7-21　颅部静脉

1. 眼外背侧静脉　2. 横窦　3. 眶圆孔导静脉　4. 海绵窦　5. 颞窦　6. 海绵间窦　7. 关节后孔导静脉
8. 颞下颌丛　9. 乳突导静脉　10. 髁管导静脉　11. 上颌静脉　12. 颈静脉孔导静脉　13. 舌面静脉
14. 耳后静脉　15. 舌下神经管导静脉　16. 颈外静脉　17. 椎内腹侧丛　18. 基底窦　19. 颈静脉孔导静脉
20. 岩腹侧窦　21. 颈动脉管导静脉　22. 岩背侧窦　23. 枕窦　24. 枕板障静脉
25. 脑膜中静脉　26、27. 顶板障静脉　28. 直窦　29. 背侧矢状窦

（资料来源：雷治海，《骆驼解剖学》，2002）

（1）耳后静脉　沿腮腺后缘走向背侧，由下列静脉汇合而成：①耳外侧静脉，收集耳外侧部的血液。②耳中间静脉，收集耳中部的血液。③耳内侧静脉，收集耳内侧部的血液。④耳深静脉，收集耳内部的血液。⑤枕静脉，收集颈部的血液。⑥腺支，收集腮腺和下颌腺的血液。耳后静脉还通过导静脉接收来自颅腔的血液（图7-21）：①乳突导静脉，与枕静脉吻合。②舌下神经管导静脉，穿过舌下神经管，在管内与髁管导静脉吻合。③颈静脉孔导静脉，经过颈静脉孔与耳后静脉相连。

（2）耳前静脉　为一小静脉，收集耳前和耳内侧肌的血液。

（3）颞浅静脉　收集颞部的血液，与耳前静脉和颞下颌丛吻合。

（4）面横静脉　收集咬肌和眶外侧部的血液，与面静脉、眶上静脉和颞下颌丛吻合。

（5）颞深静脉　收集颞部深层的血液，还借关节后孔导静脉通过关节后孔收集颅腔的血液。此外，颞深静脉与面深静脉和眼外腹侧静脉吻合。

（二）脑部静脉

脑部静脉的分布模式与动脉的一致。来自脑表面的大脑静脉汇入硬膜内无瓣膜的空间系统，即脑硬膜窦。硬膜窦分两个系统，背侧系沿颅顶延伸，腹侧系沿颅底走行，两个系统彼此相连，并借导静脉走出颅腔。

1. 腹侧系

（1）海绵窦　在前方借眶圆孔导静脉通过眶圆孔与鼻腔和眶部的静脉相交通。海绵间窦在垂体后方连接左、右海绵窦。岩背侧窦是连接海绵窦和背侧系的横窦。颈动脉管导静脉在后方自海绵窦分出，通过颈动脉孔出颅腔。海绵窦向后延续为岩腹侧窦（图7-21）。

（2）岩腹侧窦　分出颈静脉孔导静脉，向后延续为基底窦。

（3）基底窦　分出舌下神经管导静脉，经枕骨大孔出颅腔，构成椎内腹侧丛。

2. 背侧系　（图7-21）

（1）背侧矢状窦　位于大脑镰内，接收直窦和大脑静脉。顶板障静脉来自顶骨，注入背侧矢状窦。背侧矢状窦在后方分开形成横窦。

（2）横窦　在其起始部接收枕窦，分出岩背侧窦，于是形成大的三角形窦汇。横窦走向外侧，分出乳突导静脉，并在颞管内延续为颞窦。乳突导静脉在枕骨内分出髁管导静脉，后者与舌下神经管导静脉吻合。

（3）颞窦　穿过颞道，成为关节后孔导静脉，经关节后孔出颅腔。

（4）枕窦　位于小脑上方的脑硬膜内，接收许多来自枕骨和小脑静脉的枕板障静脉，汇入横窦。

（5）岩背侧窦　连接背侧系的横窦与腹侧系的海绵窦。脑膜中静脉开口于岩背侧窦。

（三）前肢的静脉

前肢的静脉分浅静脉（背侧静脉系）和深静脉（掌侧静脉系），浅静脉系由头静脉汇入颈外静脉，深静脉系由腋静脉汇入前腔静脉。

1. 浅静脉　第 3 和第 4 指背轴侧固有静脉在球节处连接构成指背侧第 3 总静脉。指背侧第 3 总静脉在球节近侧接纳第 3 指掌远轴侧固有静脉后，继续上行伸过腕背侧面成为副头静脉。副头静脉在腕平面接收来自腕背侧网的静脉，在腕上方注入头静脉。头静脉在肘关节处接收肘正中静脉，在肩关节处与肩胛臂静脉相连，最后在颈基部汇入颈外静脉（图 7-22）。

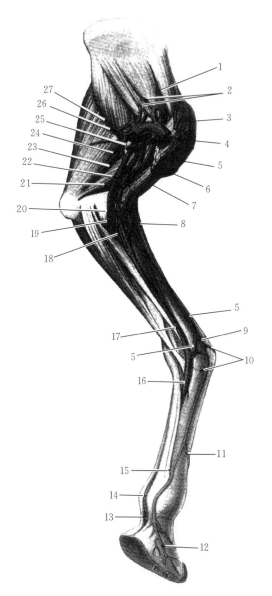

图 7-22　前肢静脉（内侧面）

1. 肩胛上静脉　2. 肩胛下静脉　3. 胸廓外静脉　4. 腋静脉　5. 头静脉　6. 旋肱前静脉

7. 肩胛臂静脉　8. 肘正中静脉　9. 副头静脉　10. 腕背网　11. 指背侧第 3 总静脉　12. 第 3 指掌远轴侧固有静脉

13. 第 4 指掌远轴侧固有静脉　14. 指掌侧固有静脉构成的静脉干　15. 从掌侧静脉系到背侧静脉系的吻合支

16. 掌心静脉连接构成正中静脉　17. 正中静脉　18. 前臂深静脉　19. 骨间总静脉　20. 尺侧副静脉

21. 肘横静脉　22. 臂静脉　23. 臂深静脉　24. 桡侧副静脉　25. 胸廓外静脉　26. 胸廓浅静脉　27. 胸背静脉

（资料来源：雷治海，《骆驼解剖学》，2002）

2. 深静脉　第 3 和第 4 指掌轴侧固有静脉与第 4 指掌远轴侧固有静脉在指间隙连接构成单一静脉干，在球节掌侧面向上延伸。此静脉干在球节上方分出一吻合支至第 3 指掌远轴侧固有静脉，然后分成掌心第 3 静脉和掌心第 4 静脉，在掌心第 3 动脉的两侧上行。掌心静脉在腕下方再次连接构成正中静脉。正中静脉在肘部接收前臂深静脉后，延续为臂静脉。臂静脉接收骨间总静脉、尺侧副静脉、肘横静脉、桡侧副静脉和臂深静脉后，延续为腋静脉。腋静脉接收旋肱前静脉、肩胛上静脉、胸廓外静脉、胸廓浅静脉和肩胛下静脉后，绕过第 1 肋的前缘，进入胸腔成为锁骨下静脉（图 7-22）。

（四）胸、腹壁的静脉

胸、腹壁的血液经以下静脉回流（图 7-9）：

1. 颈浅静脉　收集颈基部浅层结构的血液，汇入颈外静脉或锁骨下静脉。

2. 胸廓外静脉　收集胸肌的血液，由 4 条或 5 条静脉组成，大多数汇入颈外静脉或腋静脉。

3. 胸廓内静脉　由腹壁前静脉和肌膈静脉汇合而成，前者收集腹壁前腹侧的血液，后者收集膈肋部和腹壁的血液。胸廓内静脉汇入锁骨下静脉，有以下分支：①穿静脉，收集胸骨外区的血液。②肋间腹侧静脉，收集胸壁外侧部和腹侧部的血液。③纵隔静脉，收集纵隔前部的血液。

4. 肋颈静脉　由椎静脉和肋间最上静脉汇合而成。椎静脉导引颈部结构的血液，借椎间静脉与椎管内的椎内腹侧丛相连；在第 1 肋的内侧接纳颈深静脉，后者收集颈基部深层肌的血液。肋间最上静脉通过以下静脉属支收集胸前部的血液：①第 1~3 间背侧静脉，收集前 3 个肋间隙的血液。②背侧支，收集轴上肌的血液。③椎间静脉，经椎间孔收集椎内腹侧丛的血液。④颈深副静脉，为一不恒定的静脉，收集深层轴上肌的血液。

5. 右奇静脉　导引胸壁、腹部前背侧和腰前部的血液，汇入前腔静脉，由双侧第 4~11 肋间背侧静脉、肋腹静脉和前 2 个腰静脉组成。每一肋间静脉借背侧支导引轴上区的血液，借椎间静脉导引椎内腹侧丛的血液。

二、后腔静脉

后腔静脉收集腹腔、盆腔和后肢的静脉血液，由髂内静脉、髂外静脉及荐中静脉在第 6 腰椎平面汇合而成。髂内静脉导引盆腔内脏和肌肉的血液，髂外静脉导引后肢的血液，荐中静脉导引荐部和尾部的血液。

（一）后肢的静脉

后肢的静脉除跖侧静脉系外，在远侧部还有一背侧静脉系，两静脉系在膝关节处联合。

1. 背侧静脉系　第 3 和第 4 趾背轴侧固有静脉在趾间隙连接构成趾背侧第 3 总静脉。趾背侧第 3 总静脉在球节上方接收趾跖侧第 2 和第 4 总静脉后，沿趾深肌腱的外侧缘向近侧延伸，在跗关节屈肌面成为足背静脉。足背静脉在跗关节上方连接胫后静脉和胫前静脉。胫后静脉在跟腱与趾屈肌之间的间隙中接收跖侧系的后支，然后在腓肠肌两个头之间延伸，在此与胫前静脉联合，形成腘静脉（图 7-23）。

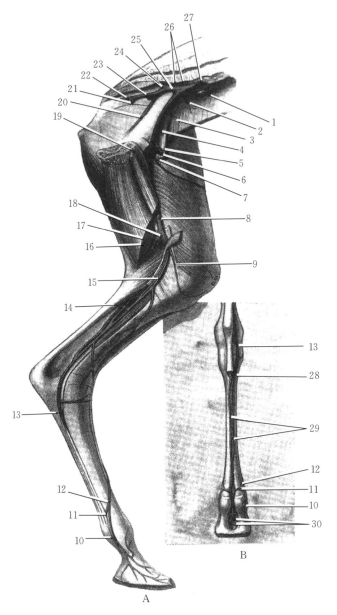

图 7-23　后肢静脉
A. 内侧面　B. 跖侧面

1. 髂内侧淋巴结　2. 旋髂深静脉　3. 腹后静脉　4. 髂外静脉　5. 阴部腹壁干　6. 旋股外侧静脉　7. 股深静脉
8. 股静脉　9. 膝降静脉　10. 第 3 趾跖远轴侧固有静脉　11. 跖深远弓　12. 趾跖侧第 2 和第 4 总静脉
13. 足底内侧静脉　14. 后支　15. 内侧隐静脉　16. 股后静脉　17. 胫后静脉　18. 腘静脉
19. 左、右股深静脉间吻合支　20. 闭孔静脉　21. 肌支　22. 臀后静脉　23. 阴部内静脉　24. 臀前静脉
25. 髂内静脉　26. 腰静脉　27. 后腔静脉　28. 跖深弓　29. 跖底第 3 和第 4 静脉　30. 第 3 趾跖轴侧固有静脉

（资料来源：雷治海，《骆驼解剖学》，2002）

2. 跖侧静脉系 第3和第4趾跖远轴侧固有静脉在趾屈肌腱深面加入跖深远弓，但第3和第4趾跖轴侧固有静脉在趾间隙联合后加入跖深远弓。跖深远弓分出趾跖侧第2和第4总静脉及跖底第3和第4静脉。趾跖侧总静脉加入背侧静脉系，而跖底静脉向近端延伸，汇入跖深弓。足底内侧静脉从深静脉弓开始，沿跗后内侧面上行，接收来自跗部的静脉，然后在小腿部连接内侧隐静脉和后支。内侧隐静脉沿股内侧面向近侧延伸，接收膝降静脉后，汇入股静脉或股后静脉。后支在跟腱与趾屈肌之间的间隙中注入胫后静脉。在膝关节的远侧，胫前静脉和胫后静脉联合形成腘静脉。腘静脉接收股后静脉后，延续为股静脉。股静脉在股三角内接纳股深静脉和阴部腹壁干后，向近端延续为髂外静脉。股深静脉收集内收肌和股后肌的血液，阴部腹壁干收集包皮或乳房和腹壁后部的血液。髂外静脉接收腹后静脉和旋髂深静脉后，汇入后腔静脉（图7-23）。

（二）盆腔的静脉

导引盆壁血液的尾外侧静脉和肌支联合形成臀后静脉。阴部内静脉导引直肠后部、泌尿生殖道和会阴部的血液，与臀后静脉相连形成髂内静脉。髂内静脉接收闭孔静脉、臀前静脉、荐静脉和腰静脉后，左、右髂内静脉与荐静脉相连形成髂总静脉。闭孔静脉收集部分内收肌的血液。臀前静脉收集臀前部的血液。髂总静脉为一短干，长10mm，在第6腰椎平面与髂外静脉相连，形成后腔静脉（图7-23）。

后腔静脉在腹主动脉右侧前行，在腹腔内接收睾丸静脉或卵巢静脉（收集生殖道的血液）、腰静脉（收集腰部的血液）、肾静脉（收集肾的血液）和肝静脉（收集肝的血液），然后穿过膈上的腔静脉孔进入胸腔，向前注入右心房。

（三）腹腔内脏的静脉

门静脉由胃十二指肠静脉、脾静脉、肠系膜前静脉、肠系膜后静脉汇集而成位于后腔静脉腹侧，为引导胃、脾、胰、小肠和大肠（除直肠后段外）静脉血的静脉干，经肝门入肝（图7-24）。

1. 肠系膜前静脉 由以下静脉汇集而成：①空肠静脉，导引空肠血液。②回结肠静脉，以盲肠静脉收集盲肠的血液，以回肠静脉收集回肠的血液，以结肠支收集升结肠第1部分的血液。③结肠右静脉，收集大部分升结肠的血液。④胰十二指肠后静脉，收集十二指肠最后部分的血液。⑤结肠中静脉，收集横结肠和降结肠起始部的血液。

2. 肠系膜后静脉 由以下静脉汇集而成：①直肠前静脉，收集直肠前部的血液。②结肠左静脉，收集降结肠最后部分的血液。肠系膜后静脉在结肠系膜中向前延伸，加入肠系膜前静脉或结肠中静脉。

3. 胃右静脉 导引瓣胃和皱胃小弯及网胃的血液，沿网胃小弯与胃左静脉吻合。

4. 脾静脉 导引脾、瘤胃及瓣胃和皱胃大弯的血液。胃左静脉收集瘤胃的血液，并在瘤胃网胃连接处连接脾静脉和胃右静脉。胃十二指肠静脉由胃网膜右静脉和胰十二指肠前静脉汇合而成，紧靠起始部加入脾静脉。

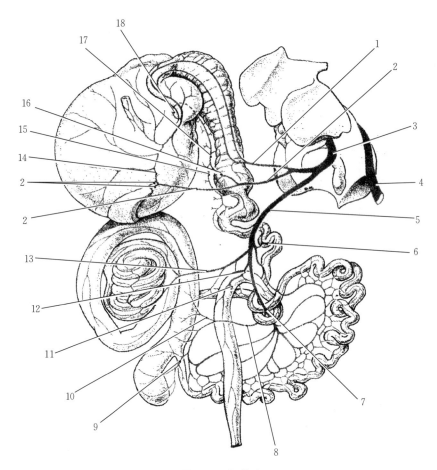

图 7-24 门静脉

1. 胃右静脉 2. 脾静脉 3. 门静脉 4. 后腔静脉 5. 肠系膜前静脉 6. 胰十二指肠后静脉 7. 空肠静脉
8. 回结肠静脉 9. 盲肠静脉 10. 结肠支 11. 肠系膜后静脉 12. 结肠中静脉 13. 结肠右静脉
14. 胃左静脉 15. 胰十二指肠前静脉 16. 胃十二指肠静脉 17. 胃网膜右静脉 18. 胃网膜左静脉

(资料来源：雷治海，《骆驼解剖学》，2002)

三、心静脉

心静脉收集心肌的血液，由以下静脉组成：①心大静脉，收集左心室、左心房和一部分右心室的血液，开口于右心房的冠状窦。②心中静脉，收集左、右心室后部的血液，开口于冠状窦或直接开口于右心房。③心右静脉，收集右心室和心房的血液，直接开口于右心房。

四、胎儿血液循环的特点

哺乳动物的胎儿在母体子宫内发育，其发育过程中所需要的全部营养物质和氧都是通过胎盘由母体供应，代谢产物也是通过胎盘由母体运走。所以胎儿血液循环具有一些与此相适应的特点（图7-25）。

1. 心血管结构特点

（1）胎儿心脏的房中隔上有一卵圆孔，使左、右心房相通。因该孔左侧有瓣膜，所以血液只能由右心房流向左心房。

（2）胎儿的主动脉与肺动脉间有动脉导管相通。因此，来自右心房的大部分血液由肺动脉通过动脉导管流入主动脉，仅少量血液经肺动脉入肺。

（3）胎盘是胎儿与母体进行气体及物质交换的特殊器官，借脐带与胎儿相连。脐动脉由髂内动脉分出，沿膀胱侧韧带到膀胱顶，再沿腹腔底壁向前伸延至脐孔，进入脐带，经脐带到胎盘，分支形成毛细血管网；脐静脉由胎盘毛细血管汇集而成，经脐带由脐孔进入胎儿腹腔，沿肝的镰状韧带延伸，经肝门入肝。

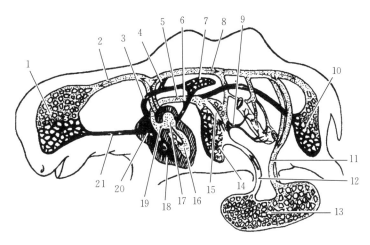

图 7-25　骆驼胎儿血液循环模式图

1. 身体前部毛细血管　2. 走向身体前部的动脉　3. 肺动脉　4. 动脉导管　5. 后腔静脉　6. 肺静脉
7. 肺毛细血管　8. 主动脉　9. 门静脉　10. 身体后部毛细血管　11. 脐动脉　12 脐静脉　13. 胎盘毛细血管
14. 肝毛细血管　15. 静脉导管　16. 左心室　17. 左心房　18. 右心室　19. 卵圆孔　20. 右心房　21. 前腔静脉

（资料来源：王彩云，2019）

2. 血液循环的途径　胎盘内从母体吸收来的富含营养物质和氧气的血液，经脐静脉进入胎儿肝内，反复分支后汇入窦状隙，并与来自门静脉、肝动脉的血液混合，最后汇合成数支肝静脉，注入后腔静脉，与来自胎儿身体后半部的静脉血混合后入右心房。进入右心房的大部分血液经卵圆孔到左心房，再经左心室到主动脉及其分支，其中大部分血液到头、颈和前肢。

来自胎儿身体前半部的静脉血，经前腔静脉入右心房到右心室，再入肺动脉。由于肺基本不活动，因此肺动脉中的血液只有少量进入肺内，大部分血液经动脉导管到主动脉，然后主要分布到身体后半部，并经脐动脉到胎盘。可见，胎儿体内的大部分血液是混合血，但混合程度不同。到肝、头、颈和前肢的血液，含氧和营养物质较多，以适应肝功能活动和胎儿头部发育较快的需要；而到肺、躯干和后肢的血液，含氧和营养物质相对较少。

3. 胎儿出生后的变化　胎儿出生后，肺和胃肠开始功能活动，同时脐带中断，胎盘循环停止，血液循环随之发生改变。脐动脉和脐静脉闭锁，分别形成膀胱圆韧带和肝圆韧带，动脉导管闭锁，形成动脉导管索或称动脉韧带；卵圆孔闭锁形成卵圆窝，左、右心房完全分开，左心房内为动脉血，右心房内为静脉血。

第八章

淋巴系统

CHAPTER 8

淋巴系统由淋巴管、淋巴组织和淋巴器官组成。淋巴管是由毛细淋巴管逐渐汇合而成的具有瓣膜的管道，内充有淋巴液，起始于组织间隙，最后汇入静脉。淋巴管分毛细淋巴管、淋巴管、淋巴干和淋巴导管。淋巴组织是含有大量淋巴细胞的网状组织，包括弥散淋巴组织和淋巴小结。淋巴器官包括淋巴结、脾和胸腺等。

第一节　淋巴结和淋巴导管

全身的淋巴结聚集成许多淋巴中心。淋巴中心是恒定地位于哺乳动物体相同部位的一个淋巴结或一群淋巴结。全身的淋巴液最后经气管干和胸导管注入颈外静脉。淋巴中心分头部、颈部、前肢、胸部、腹腔、骨盆壁和后肢几个部位描述（图8-1）。

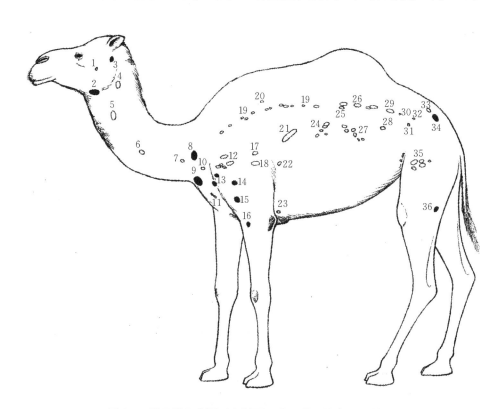

图8-1　淋巴结示意图（左侧面，实心淋巴结表示可触及）

1. 翼肌淋巴结　2. 下颌淋巴结　3. 腮腺浅淋巴结　4. 咽后内侧淋巴结　5. 颈深前淋巴结　6. 颈深中淋巴结
7. 颈深后淋巴结　8. 颈浅背侧淋巴结　9. 颈浅腹侧淋巴结　10. 纵隔前淋巴结　11. 胸骨前淋巴结
12. 纵隔中淋巴结　13. 腋淋巴结　14. 腋副淋巴结　15. 胸肌淋巴结　16. 肘淋巴结　17. 气管支气管中淋巴结
18. 气管支气管左淋巴结　19. 胸主动脉淋巴结　20. 肋间淋巴结　21. 纵隔后淋巴结　22. 膈淋巴结
23. 胸骨后淋巴结　24. 腹腔淋巴中心　25. 肾淋巴结　26. 腰主动脉淋巴结　27. 肠系膜前淋巴中心
28. 肠系膜后淋巴中心　29. 髂内侧淋巴结　30. 荐淋巴结　31. 髂股淋巴结　32. 腹下淋巴结　33. 坐骨淋巴结
34. 结节淋巴结　35. 腹股沟浅淋巴结（阴囊淋巴结/乳房淋巴结）　36. 腘淋巴结

（资料来源：雷治海，《骆驼解剖学》，2002）

一、头部淋巴结

头部有 3 个淋巴中心。

1. 腮腺淋巴中心　由 1 个或 2 个腮腺浅淋巴结组成，位于腮腺的前背侧缘。

2. 下颌淋巴中心　由以下淋巴结组成：下颌淋巴结，在下颌间隙中位于下颌腺的前缘；翼肌淋巴结，位于翼内侧肌的前缘。

3. 咽后淋巴中心　由 1 个或 2 个咽后内侧淋巴结组成，位于咽部颈静脉与颈总动脉之间。咽后外侧淋巴结通常缺失。

二、颈部淋巴结

颈部有 2 个淋巴中心。

1. 颈浅淋巴中心　由 2 群淋巴结组成：颈浅背侧淋巴结，在肩前方位于锁颈肌深面，也可能缺失；颈浅腹侧淋巴结，在肩关节前方，位于臂头肌与胸浅肌之间。

2. 颈深淋巴中心　由 3 群淋巴结组成：颈深前淋巴结，位于喉近后方的气管表面；颈深中淋巴结，在颈部沿气管分布，也可能缺失；颈深后淋巴结，在第 1 肋前方沿气管分布。

三、前肢淋巴结

前肢有一个淋巴中心。腋淋巴中心：由 4 群淋巴结组成，腋淋巴结，在胸腔入口位于腋动脉周围；腋副淋巴结，位于胸背动脉上；胸肌淋巴结，在胸深肌内侧沿胸后神经分布；肘淋巴结，位于肘关节内侧面。

四、胸部淋巴结

胸部有 4 个淋巴中心。

1. 胸背侧淋巴中心　由两群淋巴结组成：胸主动脉淋巴结，是位于胸主动脉与交感神经干之间的一系列淋巴结；肋间淋巴结，在第 4～6 肋间隙位于交感神经干背侧，也可能缺失（图 7-9）。

2. 胸腹侧淋巴中心　由以下淋巴结组成：胸骨前淋巴结，在心前方位于胸廓横肌上；胸骨后淋巴结，位于心与膈之间的胸骨上。这两个淋巴结均很小。膈淋巴结，在食管腹侧位于心和膈之间（图 7-9）。

3. 纵隔淋巴中心　由纵隔内一系列广泛的淋巴结组成。纵隔前淋巴结，在心前纵隔中，位于食管与胸主动脉之间。纵隔中淋巴结，位于心背侧的纵隔内。纵隔后淋巴结，位于食管与胸主动脉之间的心后纵隔内（图 7-9）。

4. 支气管淋巴中心　位于气管分叉处，由以下淋巴结组成：气管支气管左淋巴结，位于左支气管与主动脉弓之间；气管支气管中淋巴结，位于气管分叉背侧；气管支气管右淋巴结，通常缺失（图 7-9）。

五、腹腔淋巴结

腹腔有 4 个淋巴中心（图 7-13、图 7-14）。

1. 腰淋巴中心　由 2 群淋巴结组成：腰主动脉淋巴结，沿腹主动脉分布；肾淋巴结，沿肾血管分布。

2. 腹腔淋巴中心　由一系列沿腹腔动脉的分支分布的淋巴结组成，包括脾淋巴结、瘤胃右淋巴结、瘤胃左淋巴结、瘤胃前淋巴结、网胃淋巴结、瓣胃淋巴结、皱胃淋巴结、肝淋巴结和胰十二指肠淋巴结。

3. 肠系膜前淋巴中心　由肠系膜内聚集在肠系膜前动脉的分支周围的淋巴结组成，包括空肠淋巴结、盲肠淋巴结、结肠淋巴结和十二指肠淋巴结。

4. 肠系膜后淋巴中心　由后肠系膜内的肠系膜后淋巴结组成。

六、骨盆壁淋巴结

骨盆壁有 3 个淋巴中心（图 7-13、图 7-16）。

1. 荐髂淋巴中心　由 4 群淋巴结组成。髂内侧淋巴结，位于髂内动脉起始部周围；荐淋巴结，位于荐中动脉起始部；腹下淋巴结，沿髂内动脉及其分支分布；髂外侧淋巴结，位于髂外动脉起始部外侧。

2. 腹股沟股淋巴中心　由腹股沟浅淋巴结组成，位于腹股沟管浅环处。在母驼为乳房淋巴结（图 2-3），在公驼为阴囊淋巴结。

3. 坐骨淋巴中心　由 2 个淋巴结组成：坐骨淋巴结，位于坐骨小孔外侧；结节淋巴结，在荐结节阔韧带后缘，位于皮下。

七、后肢淋巴结

后肢有 2 个淋巴中心。

1. 髂股淋巴中心　由旋髂浅动脉起始部小而不恒定的髂股淋巴结组成（图 7-16）。

2. 腘淋巴中心　由腘淋巴结组成，在股二头肌与半腱肌之间，位于腓肠肌表面。

八、气管干和胸导管

头颈部的淋巴液由气管干引流。气管干位于气管的两侧，向后延伸，注入胸导管。后肢、盆腔和腹腔内脏的淋巴引流入乳糜池。乳糜池位于两膈脚之间。胸导管

（图 7-9）由乳糜池起始后，沿胸主动脉右侧向前延伸，在心的背侧越至左侧，开口于左颈静脉、腋静脉或锁骨下静脉。

第二节　脾

　　脾位于左胁腹部，附着于瘤胃的后背侧面和大网膜。新生驼的脾相对很大，尽管乳驼的瘤胃不发达，然而脾却占据了左胁腹部。脾呈半月形，凸缘向前，凹缘向后，左肾位于凹缘中。背侧端通常比腹侧端圆。凸缘的边缘锐，凹缘的相对较厚，因其斜向壁面。脾门位于背侧端脏面，在胃脾韧带上方和凹缘。成年驼的脾重约 1kg（图 8-2）。

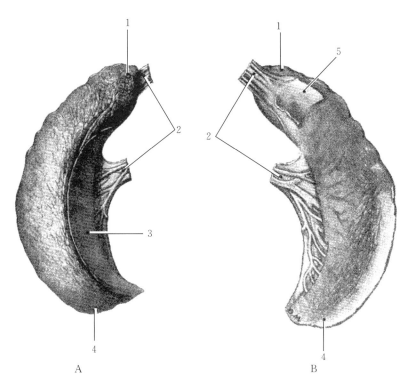

A　　　　　　　　　　　　　　　　B

图 8-2　脾
A. 壁面　B. 脏面
1. 背侧端　2. 脾门　3. 肾面　4. 远侧端　5. 胃脾韧带
（资料来源：雷治海，《骆驼解剖学》，2002）

第九章

CHAPTER 9

神经系统

神经系统是调节多细胞动物生理活动的体内互相联系和适应外界环境变化的全部神经装置，由脑、脊髓和与之相连的脑神经、脊神经、植物性神经和神经节共同组成。神经系统分中枢神经和周围神神经。

第一节　中枢神经系统

中枢神经系统由脑、脊髓和脑脊髓膜组成。

一、脑

脑位于颅腔内，分端脑、间脑、中脑、脑桥、小脑和延髓。间脑、中脑、脑桥和延髓合称脑干。从胚胎发育来讲，端脑和间脑由前脑发育而来，小脑、脑桥和延髓由菱脑发育而成，小脑和脑桥合称后脑，延髓称末脑（图9-1）。

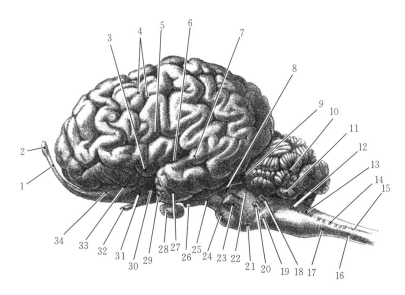

图 9-1　脑（左外侧面）

1. 嗅脚　2. 嗅球　3. 脑岛　4. 外薛氏前回和沟　5. 薛氏前回　6. 大脑外侧裂（薛氏裂）
7. 薛氏回　8. 中脑被盖　9. 中脑顶盖　10. 小脑半球　11. 第4脑室脉络丛　12. 舌咽神经根
13. 迷走神经根　14. 副神经根　15. 背外侧沟　16. 腹外侧沟　17. 舌下神经根　18. 前庭耳蜗神经
19. 斜方体　20. 面神经　21. 外展神经　22. 小脑中脚　23. 三叉神经　24. 脑桥　25. 大脑脚
26. 动眼神经　27. 梨状叶后部　28. 垂体　29. 海马结节　30. 滑车神经　31. 梨状叶前部
32. 视神经　33. 嗅脑外侧沟前部　34. 外侧嗅束
（资料来源：雷治海，《骆驼解剖学》，2002）

（一）端脑

端脑即大脑，由左右两个大脑半球构成。大脑纵裂将两大脑半球分开，纵裂的底部有连接两侧大脑半球的巨大纤维束——胼胝体；大脑横裂将大脑半球与小脑分开。每一大脑半球由新皮质和嗅脑组成。侧脑室位于两大脑半球内（图 9-1 至图 9-6）。

1. 新皮质 每一大脑半球分背外侧面、内侧面和底面。新皮质占整个大脑皮质的绝大部分，主要位于大脑半球的背外侧面，在外侧面下缘以嗅脑外侧沟与嗅脑分开，在内侧面上部以胼压沟与扣带回分开。典型的新皮质分为 6 层。新皮质表面凹凸不平，布满深浅不等的沟，这些沟称脑沟，脑沟间的隆凸部分称脑回（图 9-1 和图 9-4）。

（1）背外侧面的脑沟

① 脑外侧沟　位于背外侧面与底面（腹侧面）交界处，分前部和后部，将大脑半球的嗅脑与新皮质分开。

② 大脑外侧裂　又称薛氏裂，起始于嗅脑外侧沟，向后上方延伸。

③ 外薛氏前沟　位于大脑半球背外侧面中前部，将外薛氏前回与薛氏前回分开。

④ 上薛氏沟　为外薛氏前回和薛氏回等脑回的上界，分为几段，从背外侧面的后部弯曲延伸至中前部。

⑤ 祥状沟　位于侧面的中后部，由内侧面延伸至背侧面，有时与冠状沟相连。

⑥ 冠状沟　位于背侧面前部，约与大脑纵裂平行，后端有时与祥状沟连接。

⑦ 十字沟　位于背侧面前部，从内侧面斜向伸向前外侧。

⑧ 缘沟　位于背侧面后部，是一条纵沟，大致与大脑纵裂平行。

（2）背外侧面的主要脑回

① 薛氏回　位于薛氏沟周围，薛氏前回位于薛氏裂前方。

② 外薛氏前回　位于外薛氏前沟与上薛氏沟之间。

③ 十字前回和十字后回　也称中央前回和中央后回，分别位于十字沟（中央沟）的前方和后方。

④ 缘回　是缘沟内侧较直的脑回。

⑤ 前端回　位于十字前回前内侧。

⑥ 脑岛　位于薛氏裂的前方、薛氏前回与嗅脑外侧沟之间。

（3）内侧面的主要脑沟和脑回

① 压沟　是位于内侧面上部的长沟。

② 膝沟　位于内侧面前部。

③ 前端沟　位于内侧面前部，在膝沟的上方，有时与压沟延续。

④ 胼胝体沟　是围绕胼胝体背侧的细沟。

⑤ 扣带回　位于压沟和胼胝体沟之间。

在大脑基部有一些灰质团块，称为纹状体，包括尾状核和豆状核，两核之间有内囊相隔，使断面呈灰白相间的条纹状，故名纹状体。尾状核位于侧脑室底前部；豆状核位于尾状核腹外侧，分外侧部（壳）和内侧部（苍白球）。

2. 嗅脑 嗅脑位于大脑半球的底面，分底部、隔部和边缘部（图 9-1、图 9-2）。

（1）嗅脑底部　包括嗅球、嗅脚和梨状叶。嗅球呈卵圆形，很小，位于大脑半球的最前方，有嗅神经与其相连。嗅球后面与嗅脚相连。嗅脚沿大脑半球底面向后方延伸，在后方分成内侧嗅束和外侧嗅束。两嗅束之间的三角形区称梨状叶前部，以前称嗅三角。其后部有血管穿通，称前穿质。外侧嗅束向后伸入梨状叶后部，其表面的灰质称外侧嗅回。嗅脑外侧沟位于外侧嗅束外侧，将映脑与新皮质分开。内侧嗅束向后伸至大脑半球内侧面连接隔区，其内侧有嗅脑内侧沟。梨状叶后部以前称梨状叶，是大脑脚和视束外侧的显著隆起，其前端内侧有突出的海马结节，深处有杏仁核。梨状叶后部内有空腔，为侧腔室后角。梨状叶后部表面的灰质为海马旁回，以前称海马回。

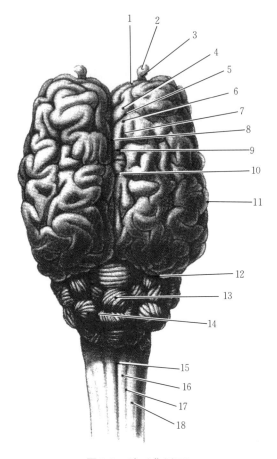

图 9-2 脑（背侧面）
1. 前端回 2. 嗅球 3. 嗅脚 4. 十字前回 5. 十字沟 6. 十字后回 7. 冠状沟 8. 大脑纵裂
9. 缘回 10. 祥状沟 11. 大脑 12. 大脑横裂 13. 蚓部 14. 小脑半球 15. 正中沟
16. 薄束 17. 背中间沟 18. 楔束
（资料来源：雷治海，《骆驼解剖学》，2002）

　　（2）嗅脑隔部　布罗卡氏对角回是梨状叶前部后缘邻近视束处外观平滑的斜带。端脑隔以前称透明隔，位于穹窿体与胼胝体之间的中线上。内有腔隙，称端脑隔腔。两侧脑室经端脑隔前部一大孔相交通。

　　（3）嗅脑边缘部　海马呈 C 形，从梨状的海马结节起，初向后背侧转而向前内侧沿侧脑室底延伸，在前方正中与对侧海马相接。海马的纤维向外侧缘集中形成海马伞。海马伞的纤维走向前内侧延续为穹窿脚，两穹窿脚在前方相连形成穹隆体。穹窿体在前方成为穹窿柱，从海马的内侧面伸向间脑的乳头体。海马构成侧脑室底的后部，尾状核位于其前方，构成侧脑室底的前部。

（二）间脑

间脑位于端脑和中脑之间，除腹侧面外，均被端脑覆盖。间脑分背侧丘脑（丘脑）、下丘脑、底丘脑、上丘脑和后丘脑，底丘脑从外表不能看到。丘脑间黏合为大的灰质块，连接左、右两侧的丘脑。间脑内的脑室是第 3 脑室，呈环形围绕丘脑间联合，在前方经成对的室间孔与侧脑室相通，在后方与中脑导水管相交通（图 9-3、图 9-4）。

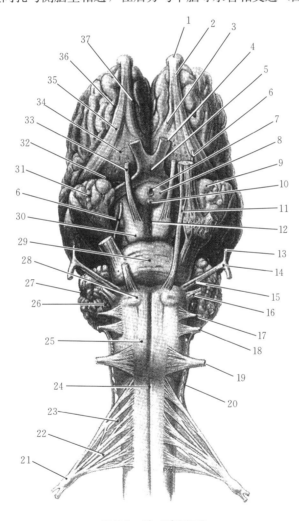

图 9-3　脑（腹侧面）

1. 嗅球　2. 嗅脚　3. 内侧嗅束　4. 视神经　5. 视交叉　6. 滑车神经　7. 神经垂体漏斗

8. 灰结节　9. 海马结节　10. 乳头体　11. 外展神经　12. 脚间窝　13. 三叉神经　14. 面神经膝及膝神经节

15. 面神经　16. 前庭耳蜗神经　17. 舌咽神经　18. 迷走神经　19. 舌下神经　20. 副神经

21. 脊神经节　22. 脊神经腹侧根　23. 脊神经背侧根　24. 正中裂　25. 锥体　26. 第 4 脑室脉络丛

27. 小脑半球　28. 斜方体　29. 脑桥　30. 大脑脚　31. 梨状叶后部　32. 对角回

33. 动眼神经　34. 梨状叶前部　35. 外侧嗅束　36. 嗅脑外侧沟前部　37. 嗅脑内侧沟

（资料来源：雷治海，《骆驼解剖学》，2002）

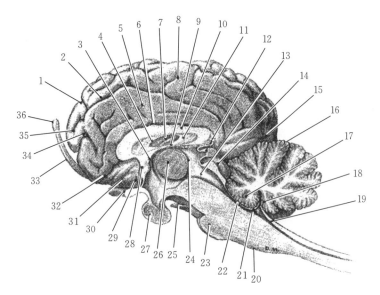

图 9-4 脑（内侧面，右侧大脑半球）

1. 十字沟　2. 压沟　3. 室间孔　4. 侧脑室内的尾状核　5. 扣带回　6. 胼胝体沟　7. 侧脑室脉络丛
8. 缘回　9. 穹窿　10. 胼胝体　11. 端脑隔及连通侧脑室的大孔　12. 松果体
13. 中脑导水管　14. 前丘　15. 枕回　16. 原裂　17. 小脑舌　18. 小结　19. 后髓帆
20. 末脑　21. 脑室内的第 4 脑室脉络丛　22. 前髓帆　23. 脑桥　24. 第 3 脑室　25. 动眼神经
26. 丘脑间联合　27. 垂体　28. 前连合　29. 对角回　30. 视交叉　31. 梨状叶前部　32. 内侧嗅束
33. 嗅脚　34. 膝沟　35. 前端回　36. 嗅球

（资料来源：雷治海，《骆驼解剖学》，2002）

1. 丘脑　丘脑是间脑的背侧部分，呈三角形，两侧丘脑借丘脑间联合相连。在背侧面与内侧面交界处可见丘脑带，是第 3 脑室脉络膜的附着线。在背侧面外侧有一浅沟与端脑的尾状核分开，沟内有白质纤维束，称终纹。丘脑内有许多重要的感觉中继核，是一个极其复杂的感觉性整合中枢。

2. 下丘脑　下丘脑是间脑的腹侧部分。从腹侧面观察，前方有左、右视神经联合形成的视交叉，视束从视交叉起向后外侧延伸，连接外侧膝状体。视交叉后方是灰结节，脑垂体借漏斗附着于灰结节。灰结节后方不太显著的突起称乳头体。下丘脑分视前部、视上部、灰结节部和乳头体部，内有视上核、室旁核、弓状核和腹内侧核等重要核团，是边缘系统的一个重要结构，也是一个植物性神经中枢，具有复杂的生理功能。

3. 后丘脑　后丘脑由内侧膝状体和外侧膝状体组成。内侧膝状体较小，位于后内侧，是听觉通路的中继站。外侧膝状体较大，位于前外侧，连接视束，为视觉通路上的中继站。

4. 上丘脑　上丘脑位于第 3 脑室顶部周围，包括丘脑髓纹、缰和松果体等结构。丘脑髓纹为一细纤维束，沿丘脑背侧面和内侧面交界处向后延伸入缰。缰位于第 3 脑室顶后端，内隐缰核。松果体小，略呈梨形，附着于上丘脑后部，是一内分泌腺。

（三）中脑

中脑位于间脑与脑桥之间，内有管腔，称中脑导水管，向前与第 3 脑室相通，向后与第 4 脑室相通。中脑导水管将中脑分为背侧的顶盖和腹侧的大脑脚（图 9-3 至图 9-7）。

1. 中脑顶盖 中脑顶盖由 2 对圆丘状的隆起组成，也称四叠体，前方的 1 对较大，称前丘，是视觉反射中枢。从前丘伸出不明显的前丘臂与外侧膝状体相连。后方的 1 对较小，称后丘，是听觉反射中枢，从后丘伸出后丘臂与内侧膝状体相连。

2. 大脑脚 大脑脚由腹侧的大脑脚底和背侧的中脑被盖组成。中脑被盖在外侧形成一三角区，称丘系三角，向后延续为小脑前脚。滑车神经在后丘后方从背侧面出脑。从腹侧面观察时，大脑脚为 1 对粗大的隆起，呈 V 形，前端岔开。两脚之间的凹窝称脚间窝。动眼神经从大脑脚腹内侧出脑。

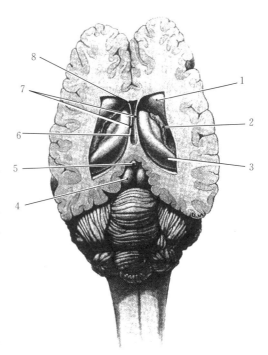

图 9-5　脑（背侧面，水平切面）
1. 尾状核　2. 侧脑室脉络丛　3. 海马　4. 前丘
5. 松果体　6. 穹窿　7. 端脑隔　8. 端脑隔腔
（资料来源：雷治海，《骆驼解剖学》，2002）

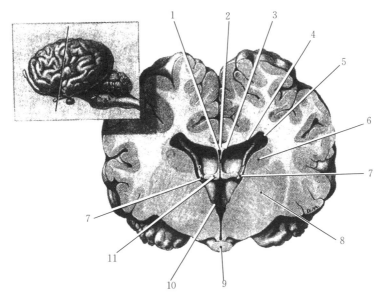

图 9-6　脑（横切面，后面）
1. 端脑隔腔　2. 胼胝体　3. 端脑隔　4. 侧脑室　5. 侧脑室脉络丛　6. 尾状核　7. 室间孔
8. 纹状体　9. 视交叉　10. 丘脑间联合及第 3 脑室　11. 穹窿
（资料来源：雷治海，《骆驼解剖学》，2002）

（四）脑桥

脑桥位于小脑腹侧、中脑与延髓之间。脑桥腹侧面宽阔膨隆，在外侧移行为小脑中脚，也称脑桥臂。小脑中脚向背侧延伸进入小脑。三叉神经从脑桥外侧后部出脑。脑桥背侧面参与构成第4脑室底的前部（图9-1至图9-4）。

（五）小脑

小脑位于脑桥和延髓的背侧，略呈球形，构成第4脑室的顶。小脑由中央的蚓部和两侧的小脑半球组成。小脑表面有许多平行的浅沟，称小脑沟，将小脑表面分成小脑叶片，较深的沟称裂，横走的原裂将小脑分为前叶和后叶。小脑蚓部分为小脑小舌、中央小叶、山顶、山坡、蚓小叶、蚓结节、蚓锥体、蚓垂和小结9部分，前3部分属于前叶，除小结外，后5部分属于后叶；最前一部分为小脑小舌，最后一部分为小结，小结与小脑半球的绒球合称绒球小结叶，属于古小脑，也称前庭小脑。小脑借3对脚，即小脑前脚、小脑中脚和小脑后脚与脑干相连（图9-1、图9-5）。

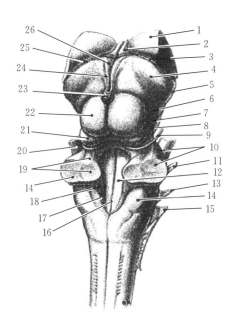

图 9-7　脑干（背外侧面）
1. 尾状核　2. 穹窿　3. 终纹　4. 丘脑　5. 外侧膝状体　6. 内侧膝状体　7. 丘系三角　8. 后丘臂
9. 滑车神经　10. 小脑中脚　11. 前庭耳蜗神经　12. 内侧隆起　13. 舌咽神经　14. 小脑后脚
15. 迷走神经　16. 正中沟　17. 后髓帆　18. 界沟　19. 小脑前脚　20. 三叉神经　21. 后丘
22. 前丘　23. 松果体　24. 丘脑带　25. 脉络带　26. 髓纹
（资料来源：雷治海，《骆驼解剖学》，2002）

（六）延髓

延髓也称末脑，从脑桥伸至枕骨大孔，后端与脊髓相连。延髓腹侧面正中有从脊髓延续而来的腹侧正中裂，正中裂的两侧有纵行的隆起，称锥体，内含皮质脊髓束。锥体前部外侧的横行隆起为斜方体，前端外侧有外展神经根与脑相连，斜方体外侧有面神经和前庭耳神经根从脑走出，锥体后端外侧有舌下神经根与脑相连，延髓腹外侧缘由前向后并列有舌咽神经、迷走神经和副神经根。延髓背侧面前部参与构成第4脑室底的后部，后部正中有从脊髓延续而来的正中沟，沟两侧有薄束和薄束核结节及楔束和楔束核结节，内侧薄束核和楔束核向前延续为绳状体，也称小脑后脚，与小脑相连（图9-2、图9-4、图9-7）。

　　第4脑室是脑桥、延髓和小脑之间的空腔，前通中脑导水管，后接脊髓中央管。顶壁由前髓帆、小脑和后髓帆构成；侧壁前部由小脑前脚组成，后部由小脑后脚构成；底壁近似菱形，又称菱形窝。菱形窝中央有一纵行沟，称正中沟。正中沟两侧有纵行沟，称界沟。两纵沟间的隆起称内侧隆起。第4脑室脉络组织后端在第4脑室后角处相遇，形成一个呈三角形的薄片，张于左、右薄束和结节之间，称为闩（图9-7）。

二、脊髓

　　脊髓位于椎管内，从枕骨大孔伸至荐骨，粗细不等，在颈胸和腰荐连接处增厚，分别形成颈膨大和腰膨大。脊髓后部迅速变尖细，形成脊髓圆锥，末端延长形成终丝。脊髓表面有纵行的浅沟，将白质分成脊髓索。背侧面有3条沟，1条背侧正中沟和2条背外侧沟；腹侧面有1条腹侧正中裂和2条腹外侧沟。背侧索位于背侧正中沟和背外侧沟之间；外侧索位于背外侧沟和腹外侧沟之间；腹侧索位于外侧沟与腹侧正中裂之间（图9-8）。

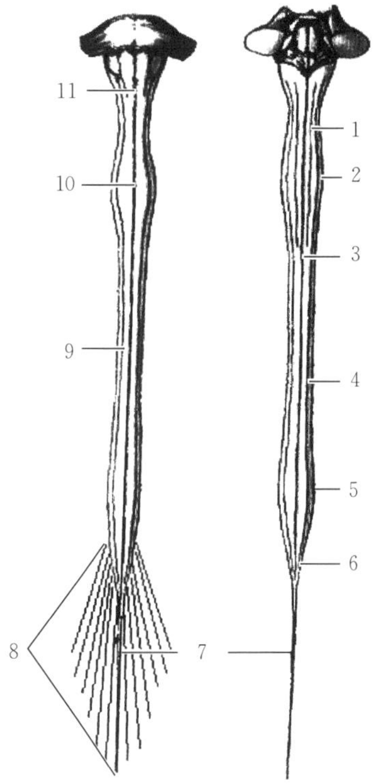

　　在脊髓横切面上，可见脊髓由灰质和白质组成，中央有纵走的中央管。灰质在中央，位于中央管的周围，由背侧角、腹侧角和小的外侧角组成，外侧角仅见于脊髓胸部和腰前部。灰质连合连接左、右两侧的灰质，特别是在中央管的背侧。白质位于周围，形成脊髓索。背正中隔在背侧将两侧的背侧索分开。白质连合连接中央管与正中裂之间两侧的腹侧索。

图 9-8　脊髓形态
1. 背中间沟　2. 颈膨大　3. 背正中沟
4. 背外侧沟　5. 腰膨大　6. 脊髓圆锥
7. 终丝　8. 马尾　9. 背外侧沟
10. 腹正中裂　11. 锥体交叉
（资料来源：王彩云，2019）

三、脑脊髓膜

1. 硬膜　硬膜是中枢神经系统厚的纤维性外被膜，分脑硬膜和脊硬膜两部分。脑硬膜与颅腔的骨外膜愈合，并牢固地附着于鸡冠、鞍背、岩嵴及颅骨孔周围。脑硬膜形成纵行的正中隔，即大脑镰，将两大脑半球分开；形成横隔，即小脑幕的周围。脑硬膜将大脑与小脑分开。鞍隔形成垂体窝上方的顶，中央留有一孔供垂体柄通过。脑硬膜内部在一定部位形成腔隙，内含静脉血液，特称脑硬膜静脉窦。

脊硬膜在脊髓周围构成外鞘，以填充脂肪的硬膜外腔与椎管的骨质壁分开。脊硬膜在后方形成细的终丝。

2. 蛛网膜　蛛网膜是硬膜与软膜之间一层纤细的纤维膜，其外层紧靠硬膜，在硬膜与蛛网膜之间形成潜在性的腔隙，称硬膜下腔。在蛛网膜与软膜之间有蛛网膜下腔，内含脑脊液。蛛网膜下腔在小脑与脊髓之间增大，形成小脑延髓池。

3. 软膜　软膜是细致且极富血管的结缔组织薄膜，紧紧包围脑脊髓。脑软膜深入所有的脑沟，与血管一起形成脑室脉络丛。齿状韧带将脊软膜附着于脊硬膜。

第二节　周围神经系统

周围神经系统由脑神经系统、脊神经和自主神经系统组成。

一、脑神经系统

脑神经为由脑发出的神经，有 12 对，含 7 种纤维成分。各对脑神经所含的纤维成分并不一致，有的仅含 1 种，最多的含 4 种或 5 种纤维。在 12 对脑神经中，第 1、第 2、第 8 对为感觉神经，第 3、第 4、第 6、第 11、第 12 对为运动神经，第 5、第 7、第 9、第 10 对为混合神经。此外，在第 3、第 7、第 9、第 10 对脑神经中还含有副交感节前纤维。

（一）嗅神经

嗅神经为感觉神经，传导嗅觉，起始于鼻腔嗅黏膜，向前穿过筛骨的筛板进入颅腔，止于嗅球。

（二）视神经

视神经为感觉神经，传导视觉，起始于视网膜，经前蝶骨上的视神经管入颅腔，两侧视神经在下丘脑前腹侧相连形成视交叉，以视束止于外侧膝状体（图 9-3、图 9-9）。

（三）动眼神经

动眼神经为运动神经，起始于中脑的动眼神经核，经眶圆孔出颅腔，分为背侧支和腹侧支，支配眼的上直肌、下直肌、内直肌、下斜肌和上眼睑提肌。副交感神经的睫状神经节位于动眼神经腹侧支上，由此神经节发出的自主神经节后纤维分布于瞳孔

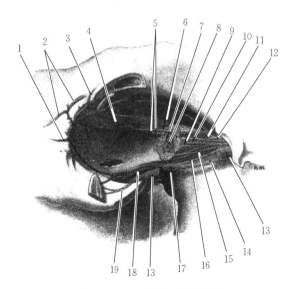

图 9-9 眶深层神经（左侧面）

1. 颧动脉　2. 滑车下神经　3. 眶上神经　4. 鼻睫神经　5. 筛神经　6. 滑车神经　7. 视网膜中央动脉
8. 视神经　9. 颧颞支　10. 泪腺神经　11. 额神经　12. 眼神经　13. 上颌神经　14. 翼腭神经
15. 颧面支　16. 翼管神经　17. 翼腭神经节　18. 上颌动脉　19. 动眼神经至下斜肌的分支

（资料来源：雷治海，《骆驼解剖学》，2002）

括约肌和睫状体（图 9-3、图 9-9 和图 9-10）。

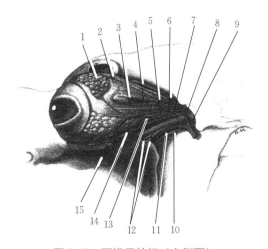

图 9-10 眶浅层神经（左侧面）

1. 泪腺　2. 泪腺神经　3. 颧颞支　4. 眼外背侧静脉　5. 动眼神经腹侧支　6. 动眼神经背侧支　7. 外展神经
8. 眼外动脉　9. 上颌神经　10. 上颌动脉　11. 翼腭神经　12. 上颌神经至最后 2 个上白齿的分支
13. 睫状神经节　14. 动眼神经至下斜肌的运动支　15. 颧颞支

（资料来源：雷治海，《骆驼解剖学》，2002）

（四）滑车神经

滑车神经为运动神经，起始于中脑的滑车神经核，经眶圆孔出颅腔，支配眼的上斜肌（图9-9）。

（五）三叉神经

三叉神经为混合神经，是脑神经中最大的神经，由大的感觉根和小的运动根与脑桥侧部相连。感觉根上有大的三叉神经节，分出眼神经、上颌神经和下颌神经。运动根加入下颌神经（图9-9、图9-11）。

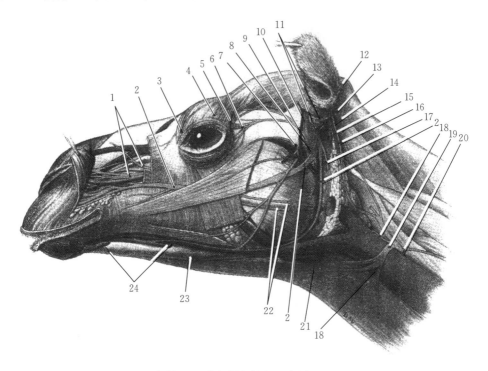

图9-11　头部浅层神经（左侧面）

1.眶下神经　2.颊支　3.滑车下神经　4.眶上神经　5.颧颞支　6.颧面支　7.面横支　8.耳睑神经
9.颧支　10.耳前支　11.耳内支　12.第2颈神经背侧支（枕大神经）　13.耳后神经
14.面神经　15.二腹肌支　16.耳大神经　17.颈支　18.至胸骨甲状舌骨肌的第2颈神经运动支
19.颈横神经　20.第2颈神经腹侧支　21.下颌淋巴结　22.从颊神经至腮腺的腮腺支
23.下颌舌骨肌神经的皮支　24.颏神经

（资料来源：雷治海，《骆驼解剖学》，2002）

1. 眼神经　眼神经为感觉神经，经眶圆孔出颅腔，分出泪腺神经和额神经。

（1）泪腺神经　至泪腺和上眼睑结膜。

（2）额神经　有以下分支：①额窦神经，至额窦。②眶上神经，至上眼睑和额部皮肤。③滑车下神经，至内眼角周围及额部皮肤。④睫状长神经，至睫状体。⑤筛神经，至鼻腔。

眼神经还供给上直肌、内直肌、上斜肌和眼球退缩肌本体感觉神经。

2. 上颌神经　上神经为感觉神经，经眶圆孔出颅腔，分为颧神经、翼腭神经和眶下神经。

（1）颧神经　分为2支，颧颞支至上眼睑和颞部皮肤，颧面支至下眼睑和外眼角周围的皮肤。

（2）翼腭神经　分为腭神经和鼻后神经。腭神经至软腭、硬腭和上颌齿齿龈。鼻后神经至鼻腔。翼管神经加入翼腭神经，其副交感成分在翼腭神经上形成翼腭神经节，从此节发出的自主神经节后纤维分布于泪腺和鼻腺。

（3）眶下神经　穿过眶下管，分支分布于上颌齿、上颌窦及上唇和鼻部皮肤。

3. 下颌神经　下颌神经为混合神经，经卵圆孔出颅腔，分为数支（图 9-12）：

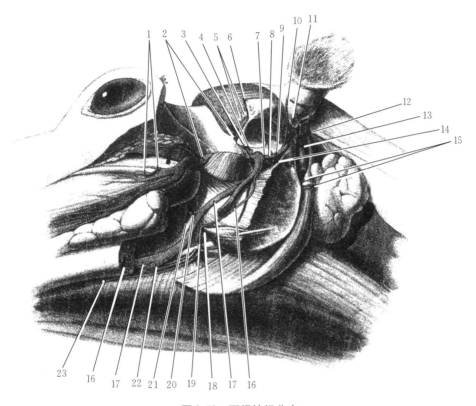

图 9-12　下颌神经分支

1. 腮腺支　2. 颊神经　3. 翼外侧肌神经　4. 咀嚼肌神经　5. 颞深神经　6. 咬肌神经　7. 翼内侧肌神经　8. 耳神经节　9. 耳颞神经　10. 耳前神经　11. 面横支　12. 面神经　13. 二腹肌支　14. 鼓索　15. 来自下颌神经节的腺支　16. 下齿槽神经　17. 舌神经　18. 下颌神经节　19. 下颌舌骨肌神经　20. 口咽峡支　21. 翼肌淋巴结　22. 舌底神经　23. 下颌舌骨肌神经的皮支

（资料来源：雷治海，《骆驼解剖学》，2002）

（1）咀嚼肌神经　为运动神经，沿颞下颌关节前缘向外侧延伸，分出颞深神经至颞肌，然后从下颌骨的下颌切迹走出成为咬肌神经，分布于咬肌。

（2）翼外侧肌神经　为运动神经，分布于翼外侧肌。

（3）翼内侧肌神经　为运动神经，分布于翼内侧肌。

（4）颊神经　为感觉神经，分布于颊黏膜。耳神经节位于翼肌神经和颊神经起始部的内侧，从此节发出的副交感节后纤维伴随颊神经走行，分布于颊腺，但两个腮腺支伴随腮腺管走行，分布于腮腺。

（5）耳颞神经　为感觉神经，沿颞下颌关节后缘走向外侧，分为 2 支。耳前神经，

第九章　神经系统

161

分布于耳。面横支，分布于咬肌部和颊部，有分支与面神经颊支吻合。

（6）舌神经　为感觉神经，与下齿槽神经同一总干起始，分为数支。①口咽峡支，分布于口咽峡。②舌支，分布于舌。③舌底神经，分布于口腔底。面神经的鼓索靠近舌神经起始部加入舌神经，其内的副交感节前纤维在下颌神经节和舌底神经节构成突触，从此二神经节发出的节后纤维分布于下颌腺和舌下腺。鼓索内的感觉纤维是分布于舌前 2/3 的味觉纤维。

（7）下齿槽神经　为感觉神经，经下颌管走行，在管内分支分布于下颌臼齿，分出颏神经，出颏孔分布于颏部、下唇和齿龈，最后在齿槽管内继续前行，分布于下颌切齿。

（8）下颌舌骨肌神经　为混合神经，分布于二腹肌前腹和下颌舌骨肌，分出皮支分布于下颌间隙前部的皮肤。

（六）外展神经

外展神经为运动神经，经眶圆孔出颅腔，分布于外直肌和眼球退缩肌。外展神经在颅腔内分出吻合支至眼神经（图 9-3、图 9-10）。

（七）面神经

面神经为混合神经，经茎乳突孔出颅腔，分为数支（图 9-3、图 9-11）。

1. 耳内支　为感觉神经，通常分支后穿过耳软骨，分布于耳内面的皮肤。

2. 耳后神经　为运动神经，分布于耳后和耳背肌。

3. 二腹肌支　为运动支，分布于二腹肌后腹和枕舌骨肌。

4. 颈支　为运动神经，分布于面皮肌。

5. 耳睑神经　为运动神经，在颧弓上方走向背侧，分为 2 支。耳前支分布于耳前和耳腹侧肌。颧支分布于眼轮匝肌、额肌和鼻唇肌。

6. 颊支　为运动神经，分为 2 支。颊背侧支经咬肌外侧面向前延伸。颊腹侧支沿咬肌后缘和腹侧缘走行。颊支分布于颊、唇和鼻部肌，还与下颌神经的面横支吻合。

（八）前庭耳蜗神经

前庭耳蜗神经为感觉神经，分前庭部和耳蜗部，其神经元胞体分别位于前庭神经节和螺旋神经节，周围突分别分布于半规管壶腹嵴、椭圆囊斑和球囊斑及螺旋器（科蒂氏器），中枢突分别止于前庭核和耳蜗核，司理平衡觉和听觉（图 9-3）。

（九）舌咽神经

舌咽神经为混合神经，经颈静脉孔出颅腔，在近侧接收来自迷走神经咽支的分支，然后分成数支（图 9-3、图 9-13）。

1. 茎突咽后支　为运动神经，分布于茎突咽肌。

2. 咽支　为混合神经，分布于软腭肌、咽前肌、环咽肌和咽黏膜。

3. 舌支　为感觉神经，沿舌骨后内侧缘向后延伸至舌根，感觉纤维分布于舌根，味觉纤维分布于舌后 1/3。

4. 颈动脉窦支 分布于颈静动脉窦。

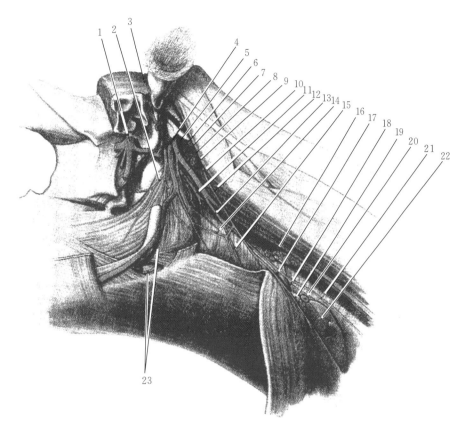

图 9-13 第 9～12 对脑神经（左侧面）

1. 下颌神经 2. 舌咽神经咽支 3. 面神经 4. 舌咽神经 5. 舌下神经 6. 迷走神经
7. 与舌咽神经交通支 8. 迷走神经咽支 9. 颈内动脉神经 10. 第 1 颈神经腹侧支
11. 颈前神经节 12. 交感神经干 13. 至咽、喉、食管和气管的神经干 14. 颈袢
15. 喉前神经 16. 胸腺 17. 喉后神经 18. 食管和气管支 19. 颈深前淋巴结
20. 甲状旁腺 21. 至心丛的 13 的延续干 22. 甲状腺 23. 舌支

（资料来源：雷治海，《骆驼解剖学》，2002）

（十）迷走神经

迷走神经为混合神经，经颈静脉孔出颅腔，沿咽背侧缘向后腹侧延伸，在颈前部分出 2 支（图 9-3、图 9-13）。

1. 咽支 分出与舌咽神经的交通支后，分支分布于咽中肌。

2. 至咽、喉、食管和气管的神经干 走向后腹侧，分出咽支、喉前神经、喉后神经和食管支后，主干沿气管的背外侧面向后延伸至主动脉与食管之间的神经丛，由此丛发出分支分布于心、食管和肺。

（1）咽支 分布于咽后肌。

（2）喉前神经 分布于环甲肌和喉黏膜。

第九章 神经系统

（3）喉后神经　绕过环勺肌后缘，支配除环甲肌以外所有的喉肌。

（4）食管支　分布于颈前部食管。

迷走神经分出上述 2 支后加入颈交感干，形成迷走交感干，在主动脉内鞘向后延伸，两神经在胸腔入口处分开，交感干走向背侧至颈胸神经节；迷走神经进入胸腔，在心前方分出心支和喉返神经。心支分布于心。喉返神经转向内侧，左侧的绕过主动脉弓的后面，右侧的绕过锁骨下动脉向前延伸，分出小支至心丛和气管，然后继续沿气管外侧缘向前走行，成为一条极细的神经，加入迷走神经喉后支。

迷走神经分出心支和喉返神经后，继续向后延伸经过心基上方，分出小支至支气管和肺，然后分为背侧支和腹侧支。左、右腹侧支联合形成迷走神经腹侧干，背侧支联合成背侧干。两神经干分别沿食管背侧面和腹侧面向后延伸进入腹腔，分支分布于腹腔内脏。

（十一）副神经

双峰驼缺副神经，单峰驼的副神经（图 9-3）缺颅外部。脊髓起源根丝位于第 1 神经背侧根与腹侧根之间，经枕骨大孔入颅腔，并入迷走神经。

（十二）舌下神经

舌下神经为运动神经，经枕骨的舌下神经管出颅腔，在近侧分出颈袢至第 1 颈神经的腹侧支，然后沿茎突舌骨后外侧缘走行，分布于舌肌（图 9-3、图 9-13）。

二、脊神经

脊神经是由脊髓发出的神经，属混合神经，含躯体传入和传出神经及内脏传入和传出神经。脊神经呈节段性排列。也就是说，每一椎骨有一相对应的脊神经。颈神经有 8 对，胸神经 12 对，腰神经 7 对，荐神经 5 对，尾神经约 15 对。典型的脊神经由腹侧根（运动根）和背侧根（感觉根）组成（图 9-14）。背侧根由背外侧沟进入脊髓到达灰质背侧角。背侧根上有脊神经节，位于椎管内或椎间孔内。腹侧根起源于腹侧角，从腹外侧沟走出脊髓。腹侧根和背侧根在硬膜外腔内联合，形成脊神经。脊神经经椎间孔或椎外侧孔走出椎管，分为一背侧支和一腹侧支。一般来说，背侧支分布于脊柱背侧的肌肉及皮肤，腹侧支分布于脊柱腹侧和四肢的肌肉及皮肤。现将重要者简述如下：

（一）颈神经

1. 颈袢　来自第 1 颈神经腹侧支，连至舌下神经。第 1 颈神经腹侧支的其余部分分布于肩胛舌骨肌（图 9-13）。

2. 枕大神经　为感觉神经，来自第 2 颈神经背侧支，分布于枕部和顶部（图 9-9）。

3. 耳大神经　为感觉神经，来自第 2 颈神经腹侧侧支，分布于耳（图 9-9）。

4. 颈横神经 为感觉神经，来自第 2 颈神经腹侧支，分布于下颌间隙部（图 9-9）。

5. 锁骨上神经 为感觉神经，来自第 6 颈神经腹侧支，分布于肩部。

6. 膈神经 为运动神经，来自第 5 和第 6 颈神经腹侧支，分布于膈。

7. 第 7 和第 8 颈神经腹侧支 参与构成臂神经丛。

（二）胸神经

1. 肋间神经 来自第 1～11 对胸神经的腹侧支。肋间神经分出外侧皮支和腹侧皮支，分布于胸壁皮肤。

2. 肋间臂神经 为感觉神经，来自第 2 肋间神经，分布于臂三头肌区。

3. 肋腹神经 为最后胸神经腹侧支，经过第 1 腰椎横突尖端腹侧，分布于腹壁。

4. 第 1 和第 2 胸神经腹侧支 参与构成臂神经丛（图 9-14）。

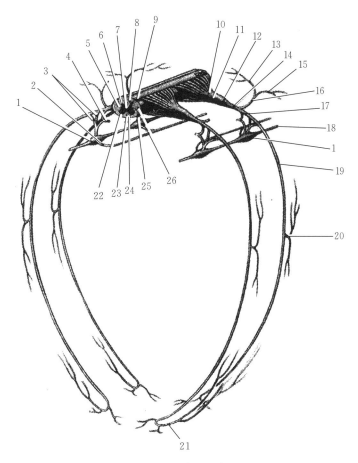

图 9-14 胸神经示意图

1. 交感干神经节 2. 内脏大神经 3. 交通支 4. 脑脊髓膜支 5. 外侧角 6. 背侧角 7. 中央管 8. 背侧索 9. 背外侧沟 10. 背侧根 11. 腹侧根 12. 脊神经节 13. 背侧支的内侧支 14. 脊神经 15. 背侧支的外侧支 16. 背侧支 17. 腹侧支 18. 交感神经干 19. 肋间神经 20. 外侧皮支 21. 腹侧皮支 22. 腹侧角 23. 正中裂 24. 腹侧索 25. 腹外侧沟 26. 外侧索

（资料来源：雷治海，《骆驼解剖学》，2002）

（三）腰神经

1. 髂腹下前神经　为第 1 腰神经腹侧支，经过第 2 腰椎横突中部和第 3 腰椎横突尖端腹侧，分布于腹壁（图 9-15）。

2. 髂腹下后神经　为第 2 腰神经的腹侧支，经过第 3 腰椎横突中部和第 4 腰椎横突尖端腹侧，走向后腹侧，分布于腹壁，包括乳房和包皮在内（图 9-15）。

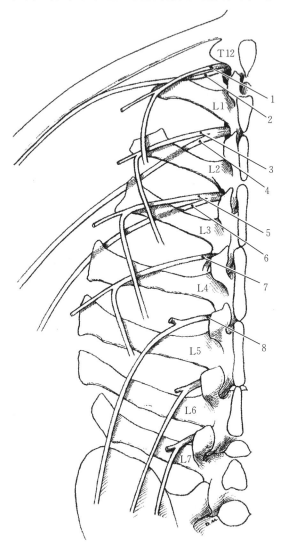

图 9-15　腹壁神经示意图（左背侧面）

T12. 第 12 胸椎　L1～L7. 第 1～7 腰椎

1. 第 12 胸神经背侧支　2. 肋腹神经　3. 第 1 腰神经背侧支　4. 髂腹下前神经

5. 第 2 腰神经背侧支　6. 髂腹下后神经　7. 第 3 腰神经背侧支　8. 第 4 腰神经背侧支

（资料来源：雷治海，《骆驼解剖学》，2002）

3. 髂腹股沟神经　起始于第 3 腰神经腹侧支。

4. 生殖股神经　起始于第 4 腰神经腹侧支，分为生殖支和股支。

5. 股外侧皮神经　主要起始于第4腰神经腹侧支。

6. 臀前皮神经　为感觉神经，来自第4～7腰神经背侧支。

（四）荐神经

臀中皮神经，为感觉神经，来自前5荐神经背侧支。

（五）臂神经丛和前肢的神经

1. 臂神经丛　臂神经丛由最后2个颈神经和第1胸神经（有时还有第2胸神经）的腹侧支构成。在一些动物，第2胸神经的分支与第2肋间神经一起走行相当的距离之后才加入臂神经丛。分布于前肢的交感神经在起始部分别加入臂神经丛根。臂神经丛由中斜角肌和腹侧斜角肌之间走出，分出以下神经（图9-16）：

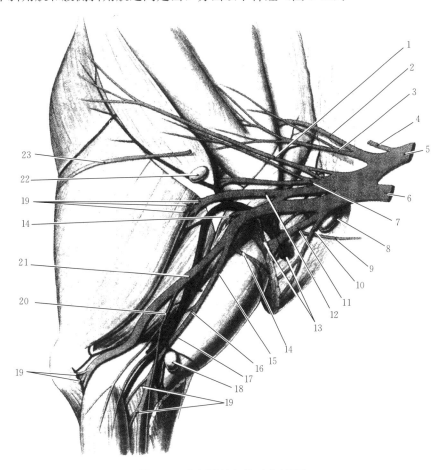

图 9-16　左侧臂神经丛（内侧面）

1. 胸背神经　2. 肩胛上神经　3. 肩胛下神经　4. 胸长神经　5. 来自第7颈神经的根
6. 来自第8颈神经和第1胸神经的根　7. 腋神经　8. 颈浅腹侧淋巴结　9. 来自第2胸神经的根
10. 胸肌前神经　11. 胸肌后神经　12. 桡神经　13. 锁骨下袢　14. 肌皮神经近肌支
15. 合并的正中神经与肌皮神经　16. 肌皮神经　17. 正中神经　18. 肘淋巴结　19. 肌支
20. 前臂后皮神经　21. 尺神经　22. 腋副淋巴结　23. 肋间臂神经

（资料来源：雷治海，《骆驼解剖学》，2002）

（1）胸长神经 起源于第 7 和第 8 颈神经，向后延伸分布于腹侧锯肌的胸部。

（2）肩胛上神经 起源于第 7 和第 8 颈神经，绕过肩胛骨前缘进入冈上肌与肩胛下肌之间，分布于冈上肌和冈下肌。

（3）肩胛下神经 起源于第 7 和第 8 颈神经，有 4 支或 5 支，分布于肩胛下肌。

（4）胸背神经 起源于第 8 颈神经和第 1 胸神经，向后走行，分成 3 支或 4 支，分布于背阔肌。

（5）腋神经 起源于第 8 颈神经和第 1 胸神经，紧靠其起点分出肌支，与胸背神经一起伸至大圆肌。腋神经转向外侧，在臂三头肌长头与内侧头之间走行，分出运动支和前臂前皮神经，运动支分布于小圆肌、三角肌和肩关节肌；前臂前皮神经为感觉神经，从臂三头肌外侧头与三角肌之间走出，分布于臂的前外侧部。最后，腋神经走过臂二头肌的外侧面，分布于锁臂肌。

（6）胸肌前神经 起始于第 8 颈神经和第 1 胸神经，走向腹侧，分支分布于胸浅肌。

（7）胸肌后神经 起源于第 8 颈神经和第 1 胸神经，分支分布于胸深肌前部之后，与胸浅静脉一起沿胸深肌前缘向后走行，分支分布于该肌后部。

（8）锁骨下神经 起源于第 8 颈神经，走向后腹侧，在第 1 肋表面紧靠其起点进入锁骨下肌。

（9）桡神经 起源于第 8 颈神经和第 1 胸神经，向后伸过大圆肌腱表面，进入臂三头肌内侧头与长头之间，分支分布于肘肌和臂三头肌。

（10）肌皮神经 起源于第 8 颈神经和第 1 胸神经，与正中神经和尺神经起于同一总干。腋襻连接正中神经和肌皮神经。

（11）正中神经 起源于第 7 颈神经至第 2 胸神经，沿臂动脉前缘向后腹侧伸过喙臂肌表面。尺神经在近侧离开正中神经，但肌皮神经在远侧、肘关节紧上方离开正中神经。

（12）尺神经 起始于第 8 颈神经和第 1 胸神经，在喙臂肌表面离开正中神经。伸过臂动脉，在臂三头肌内侧头表面伸向远端。

2. 前肢的神经 前肢受桡神经、尺神经和肌皮神经、正中神经支配（图 9-16 至图 9-19）。

（1）桡神经 提供感觉神经，分布于前臂和指的背侧面；运动神经，分布于肘、腕和指的伸肌。桡神经在臂三头肌内侧头与长头之间走行，分出肌支分布于肘肌和臂三头肌。此后，在臂三头肌外侧头覆盖下沿臂肌后外侧缘下行，分出 2 个浅支后，延续为深支。浅支从臂三头肌外侧头与腕桡侧伸肌之间走出成为前臂外侧皮神经，分布于前臂外侧面。其中一支伸向头静脉，分成内侧支和外侧支，在此静脉两侧延伸。内侧支向远侧伸过腕部，沿掌内侧缘延伸成为指背侧第 2 总神经。指背侧第 2 总神经伸过球节背内侧成为第 3 指背远轴侧固有神经，分布于第 3 指背远轴侧面。外侧支向远侧伸过腕部，沿掌内侧缘走行成为指背侧第 3 总神经。指背侧第 3 总神经在掌中部横过背侧面，在球节近上方分为第 3 指和第 4 指背轴侧固有神经，分布于第 3 指和第 4 指背轴侧面。深支在臂肌和腕桡侧伸肌之间走行，分成肌支分布于腕桡侧伸肌、腕尺侧伸肌（尺骨外侧肌）、指总伸肌、指外侧伸肌和第 1 指长展肌（腕斜伸肌）。

（2）尺神经　分布于腕和指的一些屈肌，并提供感觉神经分布于第 4 指背和掌远轴侧面。尺神经在胸浅肌和筋膜覆盖下于臂三头肌内侧头表面向远侧走向鹰嘴。在臂远侧 1/3 分出前臂后皮神经分布于前臂后面和内侧面。尺神经在肱骨内侧髁后方、腕尺侧屈肌尺骨头与肱骨头之间走行，分出肌支分布于指深屈肌和腕尺侧屈肌，然后在腕尺侧屈肌与腕尺侧伸肌之间沿指深屈肌外侧缘伸向腕部，在前臂远侧 1/4 分为背侧支和掌侧支。背侧支从腕尺侧屈肌腱与腕尺侧伸肌腱之间走出，在副腕骨表面伸向远侧，然后沿掌的外侧面走行成为指背侧第 4 总神经。指背侧第 4 总神经在球节近上方接收来自指掌侧第 4 总神经的一支，此后走至外侧指成为第 4 指背远轴侧固有神经，分布于第 4 指背远轴侧面。掌侧支向内侧延伸至副腕骨，分出一深支分布于骨间中肌，在指深和指浅屈肌腱之间沿掌外侧面走行成为指掌侧第 4 总神经。指掌侧第 4 总神经在球节上方分出一交通支至指背侧第 4 总神经，接收来自指掌侧第 3 总神经的吻合支，此后走至外侧指成为第 4 指掌远轴侧固有神经，分布于第 4 指掌远轴侧面。

（3）肌皮神经　伴随正中神经走行，分布于肘关节屈肌和前臂前内侧面的皮肤。肌皮神经在肩平面分出近侧肌支至喙臂肌和臂二头肌，在臂远侧 1/3 离开正中神经，在臂二头肌和肱骨之间走向外侧，在肘近上方到达臂肌后内侧面。肌皮神经分出前臂内侧皮神经，末端延续为臂肌内的远侧肌支。前臂内侧皮神经在臂二头肌与臂肌之间走行，从纤维带上方走出，分布于前臂前内侧面的皮肤。

（4）正中神经　分布于腕和指的一些屈肌，提供感觉神经分布于指的掌侧面。正中神经在臂动脉前方沿臂内侧面延伸，在肘部越过此动脉内侧面，于肱骨内侧髁前方

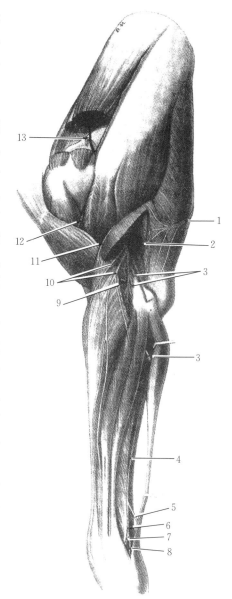

图 9-17　前肢神经（外侧面）
1. 肋间臂神经　2. 桡神经　3. 肌支　4. 尺神经
5. 背侧支　6. 掌侧支　7. 深支　8. 浅支
9. 肌皮神经远侧肌支　10. 前臂外侧皮神经
11. 前臂前皮神经　12. 至锁臂肌的腋神经分支
13. 肩胛上神经
（资料来源：雷治海，《骆驼解剖学》，2002）

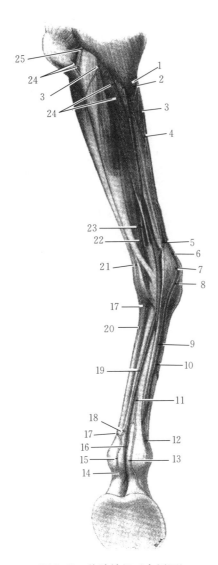

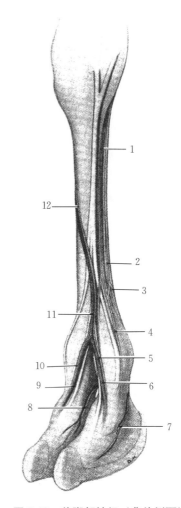

图 9-18 前肢神经（内侧面）

1. 正中神经 2. 前臂内侧皮神经 3. 前臂后皮神经
4. 前臂外侧皮神经 5. 头静脉 6. 副头静脉
7. 外侧支 8. 内侧支 9. 指背侧第 2 总神经
10. 指背侧第 3 总神经 11. 指掌侧第 2 总神经
12. 第 3 指背远轴侧固有神经
13. 第 3 指掌远轴侧固有神经
14. 第 4 指掌轴侧固有神经
15. 第 4 指掌远轴侧固有神经
16. 第 3 指掌轴侧固有神经 17. 指掌侧第 4 总神经
18. 交通支 19. 指掌侧第 3 总神经
20. 指背侧第 4 总神经 21. 尺神经背侧支
22. 尺神经掌侧支 23. 正中神经
24. 肌支 25. 尺神经
（资料来源：雷治海，《骆驼解剖学》，2002）

图 9-19 前脚部神经（背外侧面）

1. 指背侧第 4 总神经 2. 指掌侧第 4 总神经
3. 从指掌侧第 4 总神经到指背侧第 4 总神经的交通支
4. 第 4 指背远轴侧固有神经
5. 第 4 指背轴侧固有神经
6. 第 4 指背轴侧固有静脉
7. 第 4 指掌轴侧固有神经
8. 第 3 指掌轴侧固有神经
9. 第 3 指背轴侧固有静脉
10. 第 3 指背轴侧固有神经
11. 指背侧第 3 总静脉
12. 指背侧第 3 总神经
（资料来源：雷治海，《骆驼解剖学》，2002）

向远端延伸，分出肌支分布于腕桡侧屈肌和指深屈肌。此后，正中神经在腕桡侧屈肌与桡骨之间的沟中沿正中动脉后缘继续走向远侧，与指深屈肌腱一起通过腕管，在此分出 2 支至腱鞘和关节囊。正中神经在腕远侧于骨间中肌与指深屈肌腱之间向远端走行，在掌近侧 1/3 横过此腱掌侧面，分成指掌侧第 2 和第 3 总神经。指掌侧第 2 总神经在球节近上方分成第 3 指掌轴侧固有神经和第 3 指掌远轴侧固有神经，前者至第 3 指掌轴侧面，后者至第 3 指掌远轴侧面。指掌侧第 3 总神经分出一吻合支至指掌侧第 4 总神经后，延续为第 4 指掌轴侧固有神经至第 4 指掌轴侧面。

（六）腰荐神经丛和后肢的神经

1. 腰荐神经丛 腰荐神经丛由第 4～6 腰神经和第 1～2 荐神经的腹侧支构成，由此丛分出以下 10 条神经（图 9-20 至图 9-22）。

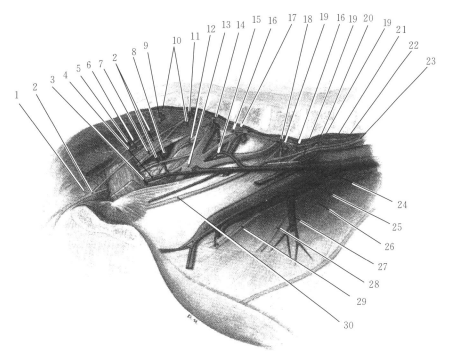

图 9-20 左侧腰荐神经丛（内侧面）

1. 会阴深神经 2. 阴部神经 3. 坐骨神经的皮支 4. 到闭孔内肌的运动支 5. 到肛提肌和尾骨肌的肌支
6. 股后皮神经 7. 会阴浅神经 8. 坐骨淋巴结 9. 第 4 荐神经的腹侧支 10. 盆神经
11. 第 3 荐神经的腹侧支 12. 臀后神经 13. 坐骨神经 14. 第 2 荐神经的腹侧支
15. 臀前神经 16. 荐内脏神经 17. 第 1 荐神经的腹侧根 18. 第 7 腰神经的腹侧根
19. 股神经根 20. 第 6 腰神经的腹侧根 21. 荐中动脉 22. 交感干 23. 第 5 腰神经的腹侧根
24. 髂内动脉 25. 生殖股神经 26. 髂外动脉 27. 旋髂深动脉 28. 股支 29. 生殖支 30. 闭孔神经

（资料来源：雷治海，《骆驼解剖学》，2002）

（1）股神经 起源于第 5～7 腰神经，神经根向后腹侧穿过腰大肌，在该肌内联合形成单一神经干。股神经大约在髂骨体前方 20mm 处于股静脉深处走向远侧，在髂耻隆起平面分出隐神经后，其主干经股三角走向远侧。

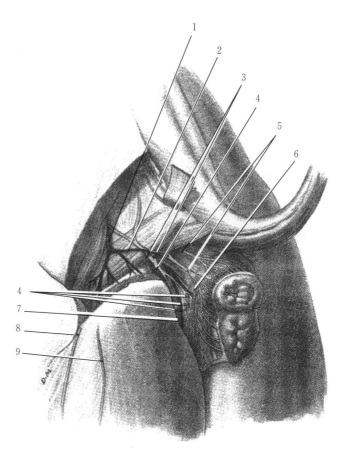

图 9-21　母驼会阴部神经（外侧面）

1. 臀后动脉　2. 会阴背侧动脉　3. 阴部神经　4. 会阴深神经　5. 会阴浅神经　6. 直肠后神经

7. 阴蒂背神经　8. 坐骨神经的皮支　9. 股后皮神经

（资料来源：雷治海，《骆驼解剖学》，2002）

　　（2）闭孔神经　起源于第 5～7 腰神经，来自第 5 和第 6 腰神经的神经根向后穿过腰肌和髂肌，联合的神经干越过荐骨翼的腹侧面，沿髂骨体的后缘伸向远侧，与闭孔动脉伴行，然后穿过闭孔前外侧缘，分为前、后两支。前支分出运动支至耻骨肌、内收肌和股薄肌，后支分布于内收肌和闭孔外肌。

　　（3）臀前神经　起源于第 7 腰神经和第 1 荐神经，来自第 7 腰神经的神经根向后腹侧延伸经过荐骨翼的盆腔面，加入来自第 1 荐神经的神经根。臀前神经与臀前血管一起穿过坐骨大孔的前部，支配阔筋膜张肌、臀中肌、臀副肌、臀深肌和梨状肌。

　　（4）臀后神经　起源于第 1～2 荐神经，臀后神经的两条根在坐骨神经根外侧联合，然后向后穿过坐骨孔，绕过臀中肌后缘弯向外侧，分布于臀浅肌。

　　（5）坐骨神经　起源于第 7 腰神经和前 3 支荐神经，来自第 7 腰神经的神经根向后伸经过荐骨翼的盆腔面，其余神经根走向后腹侧，在坐骨大孔联合。出坐骨大孔后，坐骨神经在臀中肌和臀深肌之间向后延伸，有以下分支：①至闭孔内肌的运动支，从主干的背侧缘分出，沿臀后动脉背侧缘向后走行，在坐骨结节近前方转向内侧，进入该肌后缘。②至股后的皮支，与分布于孔内肌的运动支起于同一总干，沿臀后动脉腹侧缘伸至坐骨结节，在此穿过股二头肌，从坐骨结节远侧走出，在股二头肌与半腱肌之间的沟中向腹侧延伸至膝关节平面。③至臀深肌的运动支，有一支从坐骨神经腹侧面分出，其余分支从坐骨神经内侧面分出，分布于臀深肌的后部。④至孖肌的运动支。⑤至股二头肌的运动支。⑥至半腱肌的运动支。⑦至半膜肌的运动支。分布于肌肉的所有肌支均在进入肌肉之前分成 3 支或 4 支。坐骨神经在股二头肌与半膜肌之间继续向远侧延伸，在膝关节上方大约 100mm 处分成胫神经和腓总神经。

（6）股后皮神经　起源于第 3 荐神经，由 2 支或 3 支组成，顺次经过荐结节韧带，在荐结节韧带与坐骨淋巴结之间向后延伸，在结节淋巴结腹侧缘向浅层走出，由此走向远侧，分布于股后外侧部的皮肤。

（7）阴部神经　起源于第 2~3 荐神经，来自第 2 荐神经的阴部神经根与坐骨神经根起于同一总干，向后延伸经过尾骨肌的外侧；来自第 1 荐神经的神经根在尾骨肌与肛提肌之间走行，在肛提肌后方联合。此后，阴部神经转向内侧，分出会阴深神经至会阴肌和直肠后神经至肛门外括约肌，然后分成阴茎（阴蒂）背神经和包皮阴囊（乳房）支。

（8）会阴浅神经　起源于第 2~3 荐神经，向后延伸，走行于尾骨肌和肛提肌之间，在肛门腹外侧向浅层走出。

（9）尾骨肌和肛提肌支　以单干起始于第 4 荐神经，向后延伸，分支分布于尾骨肌和肛提肌。

（10）盆神经　起源于第 3~4 荐神经，在盆腔腹膜下向腹侧延伸，与腹下神经一起构成盆丛。由此丛分出自主神经节后纤维分布于盆腔内脏。

2. 后肢的神经　分布于后肢的神经主要是坐骨神经和隐神经（图 9-22、图 9-23）。

（1）坐骨神经　分成腓总神经和胫神经。

① 腓总神经　支配附关节屈肌和趾关节伸肌及提供趾背侧面的感觉神经。腓总神经在其起始部分出 1 个或 2 个小支，相当于小腿外侧皮神经，穿过股二头肌远侧部分布于小腿外侧区。此后，腓总神经在腓肠肌外侧面走向远侧，在胫骨外侧髁近后方到达腓骨长肌与趾外侧伸肌之间的沟中，在此分出一肌支至腓骨长肌，然后隐入此沟中，在此沟内分成腓深神经和腓浅神经。腓深神经分出肌支分布于第 3 腓骨肌、趾长伸肌、胫骨前肌和一小支至膝关节的关节囊，此后与胫前动脉一起在趾长伸肌与胫骨之间向远侧延伸至跗部，在此分出一支至关节囊，末端终止于趾短伸肌。腓浅伸肌分出一支至趾外侧伸肌后，在腓骨长肌覆盖下于趾外侧伸肌表面向远侧延伸，在小腿远侧 1/3 走至浅层，与胫前静脉同行，沿第 3 腓骨肌外侧缘向远延伸。在跗关节的屈面分成趾背侧第 2 总神经和趾骨背侧第 3 总神经。趾背侧第 2 总神经沿趾伸肌腱的内侧缘走向远侧，在距远侧 1/3 分出与趾背侧第 3 总神经交通支后，在球节的背外侧面走向远侧成为第 3 趾背远轴侧固有神经，分布于第 3 趾的背远轴侧面。趾背侧第 3 总神经在跗骨远侧分出趾背侧第 4 总神经后，沿趾背侧第 3 总静脉内侧缘走向远端，在跗远侧 1/3 接收来自趾背侧第 2 总神经的交通支，在球节近侧分为第 3 和第 4 趾背轴侧固有神经，分布

于第 3 趾和第 4 趾的背轴侧面。趾背侧第 4 总神经沿趾伸肌腱的外侧缘和趾背侧第 3 总神经走向远侧，在跖远端 1/3 沿趾伸肌腱的外侧缘转向外侧，在球节上方成为第 4 趾背远轴侧固有神经，分布于第 4 趾的背远轴侧面（图 9-24）。

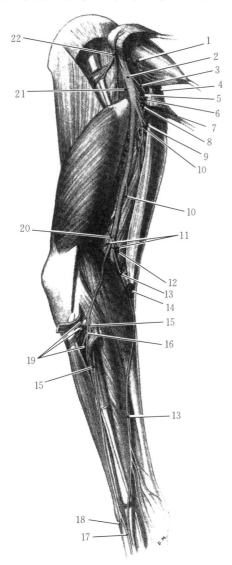

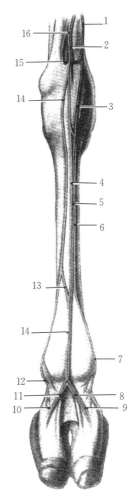

图 9-22　左后肢神经（外侧面）

1. 臀后神经　2. 坐骨神经　3. 到闭孔内肌的运动支
4. 结节淋巴结　5. 到股后的感觉支
6. 到臀深肌的运动支　7. 到孖肌的运动支
8. 到股二头肌的运动支　9. 到半膜肌的运动支
10. 到半腱肌的运动支　11. 小腿外侧皮神经
12. 胫神经　13. 小腿后皮神经　14. 腘淋巴结
15. 腓浅神经　16. 腓深神经　17. 趾背侧第 4 总神经
18. 趾背侧第 2 总神经　19. 肌支
20. 腓总神经　21. 分布至臀深肌的肌支　22. 臀前神经

（资料来源：雷治海，《骆驼解剖学》，2002）

图 9-23　左后脚部神经（背侧面）

1. 胫前静脉　2. 胫后静脉　3. 足背静脉
4. 趾背侧第 3 总神经　5. 趾背侧第 3 总静脉
6. 趾背侧第 4 总神经　7. 第 4 趾背远轴侧固有神经
8. 第 4 趾背轴侧固有静脉　9. 第 4 趾背轴侧固有神经
10. 第 3 趾背轴侧固有神经　11. 第 3 趾背轴侧固有静脉
12. 第 3 趾背远轴侧固有神经
13. 与趾背侧第 3 总神经的交通支
14. 趾背侧第 2 总神经　15. 腓浅神经
16. 腓浅神经

（资料来源：雷治海，《骆驼解剖学》，2002）

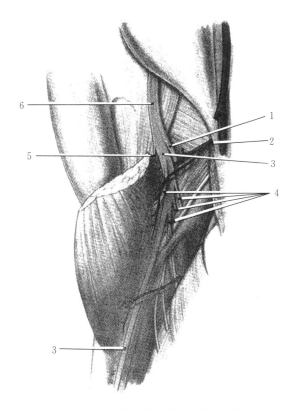

图 9-24　左侧胫神经分支（内侧面）
1. 腓总神经　2. 股后动脉　3. 胫神经　4. 肌支　5. 小腿后皮神经　6. 坐骨神经
（资料来源：雷治海，《骆驼解剖学》，2002）

　　② 胫神经　胫神经支配跗关节的伸肌和趾的屈肌及提供分布于趾跖侧面的感觉神经。胫神经在其起始部分出小腿后皮神经，此皮神经在腘淋巴结深面沿腓肠肌后缘向远侧延伸，在股二头肌与半腱肌之间的沟中向浅层走出；在腓肠肌外侧头近远侧越过跟腱外侧缘，与外侧隐静脉前支伴行，分支散开分布于小腿后部和外侧部的皮肤。胫神经穿入腓肠肌内、外侧头之间，分出运动支至腓肠肌、趾浅屈肌、趾深屈肌和腘肌，此后沿腘血管后缘在腓肠肌两头之间走向远侧，在跟腱与趾深屈肌之间向浅层走出，与隐动脉伴行，在跗部分出小的皮支后，分成足底内侧和足底外侧神经。足底外侧神经在趾浅与趾深屈肌腱之间向远端走行，分出深支至关节囊和骨间中肌，在跖部外侧面向浅层走出，于趾浅与趾深屈肌腱之间的沟中向远侧延伸成为趾跖侧第 4 总神经。趾跖侧第 4 总神经在跖远侧接收来自趾跖侧第 3 总神经的交通支，此后在球节跖侧面和第 4 趾跖外侧面走向远侧成为第 4 趾跖远轴侧固有神经，分布于第 4 趾跖远轴侧面。足底内侧神经与足底内侧动脉一起沿趾屈肌腱内侧缘向远侧延伸，在跖近侧部分成趾跖侧第 2 和第 3 总神经，分别沿动脉的两侧向远侧走行。趾跖侧第 2 总神经在球节跖侧面和第 3 趾跖外侧面走向远侧成为第 3 趾跖远轴侧固有神经，分布于第 3 趾跖远轴侧面。趾跖侧第 3 总神经沿趾跖第 3 总动脉的内侧缘向远侧延伸，在趾间隙上方分成第 3 和第 4 趾跖轴侧固有神经，分别沿第 3 和第 4 趾跖轴侧面走向远侧（图 9-25）。

（2）隐神经 在股三角近侧起始于股神经，在其起始部分出肌支至缝匠肌，此后与股血管一起在缝匠肌深面走向远侧，向前分出一皮支后，在缝匠肌远侧端向浅层分布，与隐动脉和内侧隐静脉伴行，沿股和小腿内侧面向远侧延伸至跗关节，沿途分支分布于皮肤（图9-26）。

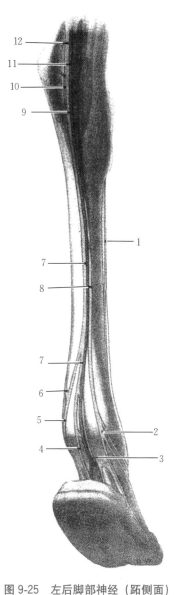

图 9-25 左后脚部神经（跖侧面）
1. 趾背侧第 2 总神经 2. 第 3 趾跖远轴侧固有神经
3. 第 3 趾跖轴侧固有神经 4. 第 4 趾跖轴侧固有神经
5. 第 4 趾跖远轴侧固有神经 6. 趾跖侧第 4 总神经
7. 趾跖侧第 3 总神经 8. 趾跖侧第 2 总神经
9. 足底内侧神经 10. 足底外侧神经
11. 隐动脉 12. 胫神经
（资料来源：雷治海，《骆驼解剖学》，2002）

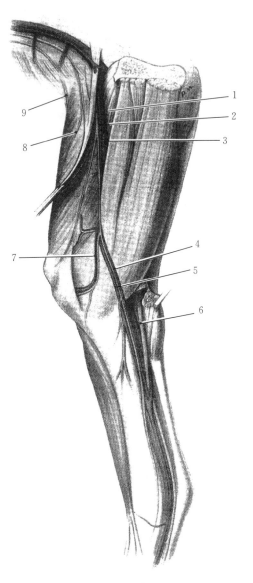

图 9-26 右后肢神经（内侧面）
1. 隐神经 2. 股动脉 3. 股静脉
4. 隐动脉 5. 隐静脉 6. 胫神经
7. 膝降动、静脉 8. 生殖股神经的股支
9. 股外侧皮神经
（资料来源：雷治海，《骆驼解剖学》，2002）

三、自主神经系统

自主神经系统也称植物性神经系统，由副交感部和交感部组成。

（一）副交感部

副交感部由脑部和荐部组成。

1. 脑部　脑部的副交感节前神经原位于中脑和末脑内，节前神经纤维随动眼神经、面神经、舌咽神经和迷走神经走至植物性神经节，节后神经纤维分布于特定的器官（图 9-10 至图 9-12、图 9-27）。

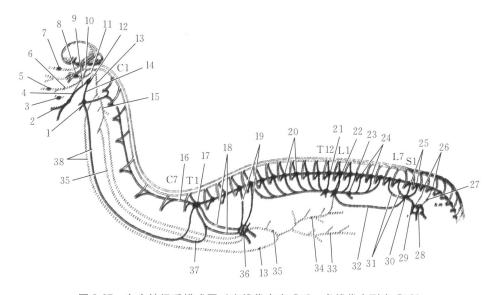

图 9-27　自主神经系模式图（实线代表交感系，虚线代表副交感系）

1. 颈前神经节　2. 翼腭神经节　3. 下颌神经节　4. 翼管神经　5. 舌底神经节　6. 鼓索　7. 睫状神经节
8. 耳神经节　9. 岩深神经　10. 岩大神经　11. 岩小神经　12. 颈内动脉丛　13. 迷走神经
14. 颈内动脉神经　15. 迷走神经到咽、喉、食管、气管和心丛的分支　16. 椎神经　17. 颈胸神经节
18. 颈心神经　19. 胸心神经　20. 胸神经节　21. 腹腔神经节　22. 肠系膜前神经节
23. 肾神经节　24. 腰神经节　25. 荐内脏神经　26. 荐神经节　27. 盆神经　28. 盆丛
29. 腹下神经　30. 肠系膜后神经节　31. 腰内脏神经　32. 肠系膜间丛　33. 迷走神经腹侧干
34. 迷走神经背侧干　35. 喉返神经　36. 心丛　37. 锁骨下袢　38. 迷走交感干

（资料来源：雷治海，《骆驼解剖学》，2002）

（1）动眼神经　动眼神经中的副交感节前神经纤维起始于动眼神经副交感核，随动眼神经走至睫状神经节，由此神经节发出的节后神经纤维分布于虹膜和睫状体。

（2）面神经　面神经中的副交感纤维起始于末脑的面神经副交感核，一部分随岩大神经分布，部分随鼓索分布。岩大神经穿过颞骨岩部内一骨管，加入交感系的岩深神经形成翼管神经。翼管神经向前伸至翼腭神经节，由此神经节发出的节后神经纤维分布于鼻腺和泪腺。鼓索穿过中耳，由岩鼓裂走出，加入舌神经走行，在下颌神经节和舌底神经节内构成突触，由此二神经节发出的节后神经纤维分布于下颌腺和舌下腺。

（3）舌咽神经　舌咽神经中的副交感节前纤维起始于末脑内的舌咽神经副交感核，通过岩小神经加入三叉神经走行，在耳神经节内构成突触，由此神经节发出的节后纤维分布于颊腺和腮腺。

（4）迷走神经　迷走神经中的副交感节前纤维起始于末脑内的迷走神经副交感核（迷走神经背侧运动核），随迷走神经走行至器官壁内或器官附近的终末神经节，交换神经元后，节后纤维分布于颈部和胸腹腔内脏（见脑神经）。

2. 荐部　荐部的副交感节前神经原位于脊髓荐部的中间带，节前神经纤维随荐神经腹侧根离开脊髓，随盆神经和阴部神经分布于器官（图9-20、图9-27）。

（1）盆神经　加入腹下神经和荐内脏神经，构成盆丛，由此神经节发出的纤维支配盆腔内脏。

（2）阴部神经　副交感神经纤维随阴部神经走行，分布于直肠和生殖道。

（二）交感部

交感系的节前神经原位于脊髓部和腰前部的外侧角内，节前纤维随脊髓神经腹侧根离开脊髓，在椎管外分开，走向交感神经节。交感神经节彼此相连，形成交感干，由此干分出交感神经分布于躯体。交感干位于脊柱两侧，前端达颅底，后端至尾部，分颈部、胸部、腰部和荐尾部（图9-27至图9-30）。

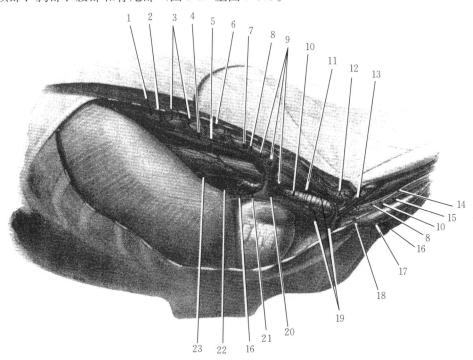

图9-28　胸部血管和神经（右外侧面）
1. 内脏大神经　2. 纵隔后淋巴结　3. 胸神经节　4. 胸导管　5. 支气管食管动脉　6. 肋间淋巴结
7. 胸主动脉淋巴结　8. 交感干　9. 纵隔中淋巴结　10. 迷走神经　11. 前腔静脉　12. 胸神经节
13. 颈后神经节　14. 迷走交感干　15. 喉返神经　16. 膈神经　17. 颈浅腹侧淋巴结　18. 颈深后淋巴结
19. 纵隔前淋巴结　20. 右奇静脉　21. 后腔静脉　22. 迷走神经背侧干、神经腹侧干
（资料来源：雷治海，《骆驼解剖学》，2002）

1. **颈部交感干**　颈部交感干由来自脊髓胸前部的节前纤维组成，干上有颈前神经节、颈中神经节和颈后神经节。颈部交感干在颈后部加入迷走神经形成迷走交感干向前延伸，在寰椎平面交感干与迷走神经分开走向颈前神经节构成突触。由此神经节发出的节后纤维随血管分布于头部。颈内动脉神经从颈前神经节分出，与颈内动脉一起进入颅腔，形成颈内动脉丛，由此丛分出的神经纤维随血管分布。岩深神经由此丛分出，与岩大神经相连构成翼管神经，分布至眼。颈后神经节与前1个或2个胸神经节合并形成颈胸神经节，也称星状神经节，位于第1肋附近的颈长肌上，此神经节分出椎神经、锁骨下袢、胸心神经、颈心神经和至臂神经丛的分支。椎神经在颈部伴椎动脉向前延伸，分出交感节后纤维至颈神经。锁骨下袢分出心支后，绕过锁骨下动脉加入颈部交感干。胸心神经直接起始于交感干或锁骨下袢，伸至心丛。颈心神经在缺颈中神经节时，由颈胸神经节分出至臂丛的分支。

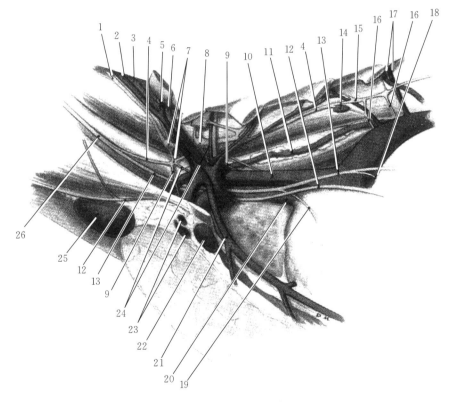

图 9-29　胸腔入口左侧的血管和神经（外侧面）

1. 椎神经　2. 椎动脉　3. 椎静脉　4. 交感干　5. 颈深动脉　6. 颈深静脉　7. 颈中神经节
8. 颈胸神经节　9. 颈心神经　10. 左锁骨下动脉　11. 胸导管　12. 膈神经　13. 迷走神经
14. 胸主动脉淋巴结　15. 胸神经节　16. 胸心神经　17. 肋间背侧动、静脉　18. 喉返神经
19. 心支　20. 臂头干　21. 胸内动脉　22. 腋淋巴结　23. 腋动、静脉　24. 锁骨下袢
25. 颈浅腹侧淋巴结　26. 迷走交感干

（资料来源：雷治海，《骆驼解剖学》，2002）

2. **胸部交感干**　位于胸椎椎体及颈长肌两侧，由颈胸神经节向后延伸至膈连接腹部交感干，交感干上有胸神经节。胸交感干有以下分支：①加入脊神经，分布于体壁

的节后纤维。②胸心神经，从第 3 到第 5 胸神经节分出至心。所有的心支与来自迷走神经的分支在食管与主动脉弓之间形成大的胸主动脉丛，由此丛发出的纤维分布于心、食管和气管。③肺支，至肺。④内脏大神经，由最后 7 个胸神经节的纤维联合构成。⑤内脏小神经，由最后胸神经节和前部腰神经节的纤维构成。内脏大神经和内脏小神经向后延伸至腹腔神经节和肠系膜前神经节，在腹腔动脉和肠系膜前动脉周围形成腹腔丛和肠系膜前丛，由此二丛发出的节后纤维分布于消化道。

3. 腰部、荐部和尾部交感干　向后伸至尾部，腰交感干上有腰神经节，荐交感干上有荐神经节。从腰交感干发出的纤维走向以下椎下神经节或神经丛：①腹腔神经节。②肠系膜前神经节。③肾神经节，发出纤维分布于肾。④主动脉肾神经节，发出纤维分布于肾上腺。⑤腹主动脉丛，发出纤维与动脉一起延伸至睾丸和卵巢。⑥腰内脏神经走向肠系膜后神经节。由此神经节发出的纤维分布于降结肠的最后部分和直肠。腹下神经起始于此神经节的后部，与盆神经和荐内脏神经共同构成盆丛。

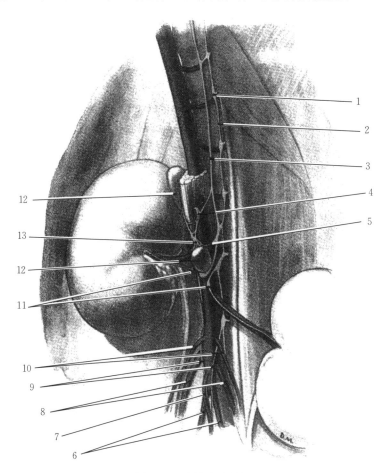

图 9-30　腹部交感神经

1. 胸神经节　2. 交感干　3. 内脏大神经　4. 腹腔丛和神经节　5. 内脏小神经　6. 髂内动脉
7. 肠系膜后动脉　8. 髂外动脉　9. 腰内脏神经　10. 卵巢/睾丸动脉　11. 肾神经节
12. 肾上腺　13. 肠系膜前丛和神经节

（资料来源：雷治海，《骆驼解剖学》，2002）

从荐交感干上分出的荐内脏神经，加入腹下神经和盆神经构成盆丛。由盆丛发出的纤维走向盆腔内脏。交感干的腰部、荐部和尾部发出节后纤维至脊神经，随其分布于体壁、后肢和尾部。

第十章

感觉器官

CHAPTER 10

感觉器官为感觉神经末梢的特殊结构，是构成反射弧的一个重要组成部分。感受器官广泛分布于身体的所有器官和组织内，其形态和结构各异，但都能分别接受体内、外环境中某种特殊刺激，并能将其转变为神经冲动，通过特殊的传导通路传至中枢的特定区域，经综合分析而产生相应的感觉。

根据感受器官的分布情况和所接受的刺激来源，可分为外感受器官、内感受器官和本体感受器官3大类。外感受器官分布于体表（包括口腔、鼻腔等），能接受来自外界环境中的刺激，如耳、眼、嗅黏膜、味蕾和皮肤。内感受器官分布于内脏器官，以及心、血管，能接受机械和化学的刺激，如颈动脉窦和颈动脉球。本体感受器分布于肌、腱、关节和内耳，能感受身体各部分在空间位置状态的刺激。本章只叙述外感受器官中的视觉器官——眼、位听器官——耳。

第一节　视觉器官

视觉器官又称眼，能感受光波的刺激，经视神经传至脑的视觉中枢而产生视觉。视觉器官由眼球和辅助装置组成。

一、眼球

眼球是视觉器官的主要部分，位于眼眶内，呈前、后略扁的球形，后端借视神经与间脑相连。由眼球壁和眼球内容物两部分组成（图10-1）。

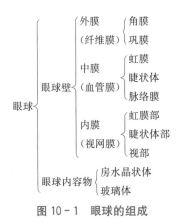

图 10 - 1　眼球的组成

（一）眼球壁

由3层构成，从外向内依次为纤维膜、血管膜和视网膜（图10-2、图10-3）。

1. 纤维膜　又称白膜，为眼球的外壳，由致密结缔组织构成，厚而坚韧，有保护眼球内部结构和维持眼球外形等作用。纤维膜又分前部的角膜和后部的巩膜。

（1）角膜　约占纤维膜的前1/5，无色透明，具有折光作用。有一定的弹性，呈内凹外凸的表面玻璃样，是眼球折光装置中的重要部分。角膜无血管，但含有丰富的神经末梢，感觉灵敏，轻触角膜可引起闭眼动作，称为角膜反射。角膜上皮有很强的再生能力，损伤后很容易修复，但如果损伤严重，则形成疤痕，或因炎症、溃疡而变混浊，都会严重影响视力。

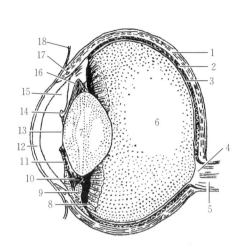

图 10-2　眼球纵切面模式图
1. 巩膜　2. 脉络膜　3. 视网膜　4. 视乳头　5. 视神经
6. 玻璃体　7. 晶状体　8. 睫状突　9. 睫状肌
10. 晶状体悬韧带　11. 虹膜　12. 角膜　13. 瞳孔
14. 虹膜粒　15. 眼前房　16. 眼后房
17. 巩膜静脉窦　18. 球结膜
（资料来源：杨银凤，《家畜解学及组织胚胎学》，
2011）

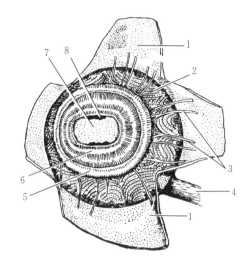

图 10-3　眼球的血管膜前部
（角膜切除，巩膜翻开）
1. 巩膜　2. 脉络膜　3. 睫状静脉
4. 视神经　5. 睫状肌　6. 虹膜
7. 瞳孔　8. 虹膜粒
（资料来源：杨银凤，《家畜解学及组织胚胎学》，
2011）

（2）巩膜　约占纤维膜的后 4/5，呈乳白色，不透明，主要由大量互相交织的胶质纤维束和少量的弹性纤维构成，具有保护眼球和维持眼球形状的作用。巩膜前缘接角膜，交界处的深面有巩膜静脉窦，是眼房水流出的通道，有调节眼压的作用。如果眼房水不能顺利流出，眼压就会增加，动物就会变为青光眼；后下部有视神经纤维穿过形成的巩膜筛区，该部较薄。

2. 血管膜　是眼球壁的中层，位于纤维膜和视网膜之间，含有丰富的血管和色素细胞，有供给眼球内部组织营养和吸收眼球内散射光线的作用，并形成暗的环境，有利于视网膜对光和色的感应。血管膜由前向后可分为虹膜、睫状体和脉络膜 3 部分。

（1）虹膜　是血管膜最前部的环状膜，呈圆盘状，位于晶状体的前方，从眼球前面透过角膜可以看到。虹膜中央有一孔，称为瞳孔。虹膜内有两种平滑肌：一种称作瞳孔括约肌，呈环状围于瞳孔缘，受副交感神经支配，在强光下可缩小瞳孔；另一种称作瞳孔开大肌，肌纤维自虹膜缘向瞳孔缘呈放射状排列，受交感神经支配，在弱光下可放大瞳孔。

（2）睫状体　位于巩膜和角膜移行部的内面，是血管膜中部的环形肥厚部分，可分为睫状环、睫状冠和睫状肌 3 部分。睫状环为睫状体后部较平坦的部分，其内面呈现若干放射状排列的小嵴。睫状冠位于睫状环之前，其内面呈现放射状排列的皱褶，称为睫状突。睫状突向后连于睫状环，向前向内成为游离端，呈环状围于晶状体的周缘，两者借晶状体悬韧带相连。睫状肌位于睫状环和睫状冠的外面，是构成睫状体的主要成分。睫状肌属平滑肌，受副交感神经支配，看近物时肌纤维收缩，对睫状体起着括约肌的作用，可使晶状体向前向中移位，晶状体悬韧带松弛，晶状体变凸增厚；看远物时，肌纤维舒张，晶状体悬韧带将晶状体拉紧，晶状体凸度变小，这样就能使物像聚焦在视网膜上。因此，睫状肌与晶状体一起构成了眼的调节装置（图 10-4）。

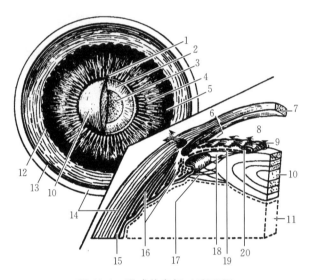

图 10-4　眼球前半部（后面观）

1. 睫状小带　2. 虹膜　3. 瞳孔　4. 睫状突　5. 睫状环　6. 虹膜角膜角　7. 角膜　8. 眼前房
9. 虹膜　10. 晶状体　11. 玻璃体　12. 锯齿缘　13. 视网膜　14. 巩膜　15. 脉络膜
16. 睫状肌　17. 睫状小带　18. 眼后房　19. 瞳孔开大肌　20. 瞳孔括约肌

（资料来源：杨银凤，《家畜解学及组织胚胎学》，2011）

（3）脉络膜　宽薄而柔软，呈棕褐色，位于巩膜和视网膜之间，衬于巩膜内面且与之疏松相连，与其内面的视网膜则较紧密相连。脉络膜后部在视神经穿过的背侧。

3. 视网膜　是眼球壁的最内层，衬在脉络膜的内面，可分视部和盲部两部分，二者交界处呈锯齿状，称锯齿缘。

（1）视部　视网膜视部即通常所说的视网膜，衬于脉络膜内面，且与其紧密相连，薄而柔软，在活体略呈淡红色，家畜死后混浊变为灰白色，且易于从脉络膜上剥离。在视网膜后部有一圆形或卵圆形的白斑，称为视神经乳头或视神经盘，其表面略凹，是视神经穿出视网膜的地方，因此处只有神经纤维，无感光细胞，没有感光能力，所以又称盲点。视网膜中央动脉由此分支呈放射状分布于视网膜，分支情况因各种家畜而不同。在视神经乳头的外上方，约在视网膜的中央，有一圆形小区，称视网膜中心，是感光最敏锐的地方，相当于人的黄斑。视网膜中央动脉在视神经乳头处分支呈放射状分布于视网膜，临床上在做眼底检查时可以看到。

视网膜视部的外层是色素上皮层，内层是神经层。神经层由浅向深部由三级神经元构成。最浅层为感光细胞，有两种细胞，即视锥细胞和视杆细胞，前者有感强光和辨别颜色的能力，后者有感弱光的能力。第2级神经元为双极神经元，是中间神经元。第3级神经元为多极神经元称为视网膜神经节细胞，其轴突向视神经乳头聚集，形成视神经。

（2）盲部　位于睫状体和虹膜的内面，很薄，无感光作用，外层为色素上皮，内层无神经元。被覆于睫状体内面的称视网膜睫状体部。被覆在虹膜内面的称视网膜虹膜部。

（二）内容物

是眼球内一些无色透明的结构，包括呈液态的眼房水、固态的晶状体和胶状半流动的玻璃体。它们与角膜一起，构成眼球的折光系统，将通过眼球的光线经过屈折，使焦点集中在视网膜上，形成影像。

1. 眼房和眼房水　眼房为位于角膜和晶状体之间的腔隙，它又被虹膜分为眼前房和眼后房两部分，前、后房经瞳孔相通。眼房水为充满于眼房内的透明水样液，主要由睫状体分泌。眼房水除折光外，还有运输营养和代谢产物以及维持眼内压的作用。当眼房水循环发生障碍时，眼房水增多眼内压升高，临床上称为青光眼，严重者可致失明。

2. 晶状体　呈双凸透镜状，富有弹性，位于虹膜之后、玻璃体之前，周缘借晶状体悬韧带连接于睫状体上。晶状体悬韧带随睫状肌的收缩和舒张，可改变晶状体的凸度，以调节焦距。晶状体后面的凸度比前面大，其实质主要由多层纤维构成，外面包有一层透明而有高度弹性的晶状体囊。晶状体无血管，从不发炎，但常因外伤、中毒以及新陈代谢障碍等因素，造成晶状体变性而发生混浊，致使光线不能通过，临床上称为白内障。

3. 玻璃体　为无色透明的胶冻状物质，充满于晶状体与视网膜之间，外包一层透明的玻璃体膜，并附着于视网膜上。玻璃体前面凹，容纳晶状体，称为晶状体窝。玻璃体除折光外，还有支持视网膜的作用。

二、眼球的辅助装置

眼球的辅助装置有眼睑、结膜、泪器、眼球肌和眶骨膜等（图10-5、图10-6），起保护、运动和支持眼球的作用。

（一）眼睑

为覆盖于眼球前方的皮肤褶，俗称眼皮，有保护眼球的作用，可避免外伤和强光刺激。眼睑可分上眼睑和下眼睑，其游离缘上长有睫毛。骆驼有双层眼睫毛，这样可以更有效地抵御风沙保护眼睛。此外，骆驼睫毛很长，还可以保护眼睛

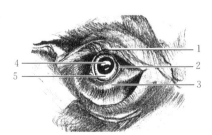

图 10-5　双峰驼右眼
1. 上眼睑　2. 第3眼睑
3. 下眼睑　4. 瞳孔　5. 结膜
（资料来源：王彩云，2019）

免受强日光照射，可防止沙尘暴时沙子等异物进入眼睛。上、下眼睑之间的裂隙称为

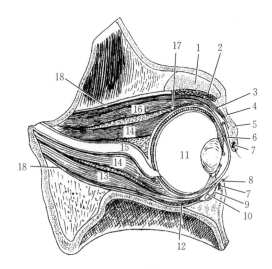

图 10-6　眼的辅助器官

1. 额骨眶上突　2. 泪腺　3. 眼睑提肌　4. 上眼睑　5. 眼轮匝肌　6. 结膜囊　7. 睑板腺
8. 下眼睑　9. 眼睑结膜　10. 眼球结膜　11. 眼球　12. 眼球下斜肌　13. 眼球下直肌　14. 眼球退缩肌
15. 视神经　16. 眼球上直肌　17. 眼球上斜肌　18. 眶骨膜

（资料来源：杨银凤，《家畜解剖学及组织胚胎学》，2011）

睑裂，其内、外两端分别称内侧角和外侧角。眼睑的外面为皮肤，中间主要为眼轮匝肌。内侧面附有睑结膜。

第 3 眼睑，又称瞬膜，是位于内眼角的半月状结膜皱褶，常见色素褶内有三角形软骨板。瞬膜内含有一 T 形软骨，第 3 眼睑在闭眼或向一侧转动头部时，可覆盖到角膜的中部。瞬膜内含有许多淋巴结（结膜淋巴小结），当眼球受到慢性感染时，淋巴结肿大。家畜发生破伤风时，一刺激即瞬膜外露。瞬膜外露是破伤风的主要症状之一。

（二）结膜

结膜为富有血管的透明薄膜，按其分布可分为 3 部分：睑结膜、球结膜和结膜囊。被覆在眼睑内面的一薄层湿润而富有血管的膜称睑结膜，正常情况下呈淡红色，在发绀、黄疸或贫血时极易显示不同的颜色，因此在临床上常作为诊断某些疾病的重要依据。睑结膜折转覆盖于眼球巩膜前部的部分，称为球结膜。在睑结膜和球结膜之间的裂隙为结膜囊。

（三）泪器

包括泪腺和泪道两部分。

1. 泪腺　呈浅面凸、深面凹的扁卵圆形。位于眼球背外侧，眼球与眶上突之间，有 10 余条导管开口于眼睑结膜囊。泪腺分泌泪液，借眨眼运动分布于眼球和结膜表面，有润滑和清洁的作用。泪腺为管泡腺。泪腺的分泌物由开口于上眼睑背颞侧缘的排泄管排到结膜囊。眨眼运动使眼泪充满眼球前表面。

2. 泪道　为泪液的排泄通道，由泪小管、泪囊和鼻泪管组成。泪小管为两条起始于眼内侧角处的两个小裂隙（泪点），汇注于泪囊的短管。泪囊为膜性囊，位于泪骨的泪囊窝内，呈漏斗状，为鼻泪管的起始端膨大部。鼻泪管位于骨性鼻泪管中，开口于鼻腔内，泪液在此随呼吸的空气蒸发。当泪道受阻时，泪液就不能正常排泄，而从睑缘溢出，长期刺激可使眼睑发生炎症。

(四) 眼球肌

属横纹肌，为眼球的运动装置，在眶骨膜内包于眼球的后部和视神经周围，起于视神经孔周围的眼眶壁，止于眼球巩膜。共有 7 块肌肉，其中直肌 4 块、斜肌 2 块和 1 块眼球退缩肌，使眼球灵活运动。

1. 眼球退缩肌 略呈喇叭形，位于最深部，1 块，沿视神经孔周缘起始，包着视神经走向眼球，以肌齿附着于巩膜，收缩时可使眼球向后移位。

2. 眼球直肌 共 4 块，按位置分为眼球上直肌、下直肌、外直肌和内直肌。收缩时使眼球做上、下、内、外转动。

3. 眼球斜肌 有 2 块，包括眼球上斜肌和眼球下斜肌，收缩时可旋转眼球。

(五) 眶骨膜

又称眼鞘，为一致密坚韧的纤维膜。略呈圆锥形，位于骨性眼眶内，包围于眼球、眼球肌、泪腺以及眼的血管、神经等周围。圆锥基附着于眼眶缘，锥顶附着于视神经孔周围。在眶骨膜的内、外填充有许多脂肪，与眼眶和眶骨膜一起构成眼的保护器官。

第二节　位听器官

耳为听觉和平衡觉器官，包括外耳、中耳和内耳 3 部分。外耳收集声波，中耳传导声波，内耳为听觉感受器和位觉感受器所在的部位（图 10-7）。

一、外耳

外耳由耳郭、外耳道和鼓膜 3 部分组成。

1. 耳郭 其形状、大小因家畜种类和品种不同而异。一般呈漏斗状，上端较大，向前开口；下端较小，连于外耳道。耳郭背面隆凸，称耳背，与耳背相对应的凹面称为舟状窝，其前、后两缘向上汇合

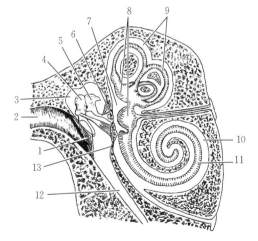

图 10-7　耳的构造模式图
1. 鼓膜　2. 外耳道　3. 鼓室　4. 锤骨　5. 砧骨
6. 镫骨及前庭窗　7. 前庭　8. 椭圆囊和球囊　9. 半规管
10. 耳蜗　11. 耳蜗管　12. 咽鼓管　13. 耳蜗窗

于耳尖；下端为耳基（耳根），附着于岩颞骨的外耳道上，其周围有脂肪垫。耳郭由耳郭软骨、皮肤和肌肉等构成。耳郭软骨属弹性软骨，是构成耳郭的支架，其形状与耳郭形状相同，耳郭软骨基部外面包有脂肪垫。软骨内、外被覆皮肤，内面皮肤薄，与软骨连接较紧，并形成一些嵴状纵褶，上部生有长毛，向下逐渐变细而稀，皮肤内含有丰富的皮脂腺。耳郭肌肉，简称耳肌，附着于耳郭软骨基部，共有 10 余块，在家畜比较发达，因此耳郭可以灵活运动，便于收集声波。

2. **外耳道**　为由耳郭基部到鼓膜的一条管道，分软骨性外耳道和骨性外耳道两部分。软骨性外耳道由环状软骨构成，其外侧端与耳郭软骨直接相连，内侧端以致密结缔组织与岩颞骨外耳道相连接。骨性外耳道位于岩颞骨内，断面呈椭圆形，内侧端孔比外侧端孔小且呈斜面，有鼓膜环沟，鼓膜即嵌于沟内。外耳道的内表面被覆皮肤，软骨性外耳道的皮肤较厚，具有短毛、皮脂腺和特殊的耵聍腺。耵聍腺为变态的汗腺，分泌耳蜡，又称耵聍。

3. **鼓膜**　为位于外耳道底部、介于外耳与中耳之间的一片坚韧而具有弹性的卵圆形半透明膜，略向内凹陷，将外耳与中耳隔开。鼓膜随音波振动把声波刺激传导到中耳。

二、中耳

中耳包括鼓室、听小骨和咽鼓管 3 部分。

1. **鼓室**　为位于岩颞骨内部的一个小腔体，内面被覆黏膜。外侧壁以鼓膜与外耳道隔开；内侧壁为骨质壁或迷路壁，将鼓室与内耳隔开。在内侧壁上有一隆起，称为岬。岬的前方有前庭窗，被镫骨底及其环状韧带封闭；后方有蜗窗，被第 2 鼓膜封闭。鼓室的前壁有孔通咽鼓管。

2. **听小骨**　很小，共 3 块，由外向内依次为锤骨、砧骨和镫骨。它们彼此借关节相连成听骨链，一端以锤骨柄附着于鼓膜，另一端以镫骨底的环状韧带附着于前庭窗。听小骨可将声波对鼓膜的振动传递到内耳，并能增大压强。与听小骨运动有关的肌肉有鼓膜张肌和镫骨肌，能调节鼓膜的紧张度和调节对内耳的压力，对鼓膜和内耳有保护作用。

3. **咽鼓管**　为一衬有黏膜的软骨管，一端开口于鼓室的前下壁，另一端开口于咽侧壁，即中耳与鼻咽部的通道。空气从咽腔经此管到鼓室，可以维持和调节鼓膜内、外两侧大气压力的平衡，防止鼓膜被冲破。空气从咽经此管到鼓室，以调节鼓室内压与外界气压的平衡，防止鼓膜被冲破。

三、内耳

内耳位于岩颞骨内，介于鼓室内侧壁与内耳道之间，为形状不规则、构造复杂的管状结构，故也称迷路。由互相套叠的两组管道组成，即由骨迷路和膜迷路两部分组成。膜迷路与骨迷路之间的间隙充满着外淋巴，膜迷路内充满着内淋巴。内、外淋巴互不相通。

1. 骨迷路　由密骨质构成，可分为前庭、骨半规管和耳蜗3部分，彼此互相连通。

（1）前庭　为位于骨迷路中部较为膨大的似椭圆形的腔隙，在骨半规管与耳蜗之间。其外侧壁（即鼓室的内侧壁）上有前庭窗和蜗窗。内侧壁为内耳道底，壁上有前庭嵴，嵴的前方有一球囊隐窝；后方有一椭圆囊隐窝；后下方有一前庭小管内口。前庭向前借一大孔与耳蜗相通，后部有4个小孔通骨半规管。

（2）骨半规管　位于前庭的后上方，为3个彼此互相垂直的半环形骨管，按其位置分别称为上骨半规管、后骨半规管和外侧骨半规管。每个骨半规管一端膨大，称为壶腹；另一端称为脚，前骨半规管与后骨半规管的脚合并为一总骨脚。因此，3个骨半规管以5个开口与前庭相通。

（3）耳蜗　位于前庭前下方，形似蜗牛壳，蜗顶朝向前外侧，蜗底朝向后内对着内耳道底。耳蜗由一蜗轴和环绕蜗轴的骨螺旋管构成（图10-8）。蜗轴由松骨质构成，呈圆锥状，轴底即内耳道底的一部分，该处凹陷，有许多小孔，供耳蜗神经通过。骨螺旋管为环绕蜗轴3周半的螺旋状中空骨管，一端通前庭；另一端为盲端，位于蜗顶。在骨螺旋管内，自蜗轴伸出一片不连接骨螺旋管对侧壁的骨螺旋板，其缺损处由膜迷路（耳蜗管）填补封闭，将骨螺旋管分为上、下两部。上部称前庭阶，下部称鼓阶。因而耳蜗内有3条管，即上方的前庭阶，中间的耳蜗管，下方的鼓阶。前庭阶起于前庭的前庭窗，鼓阶起于前庭的蜗窗，两者在蜗顶相交通，且均充满外淋巴。

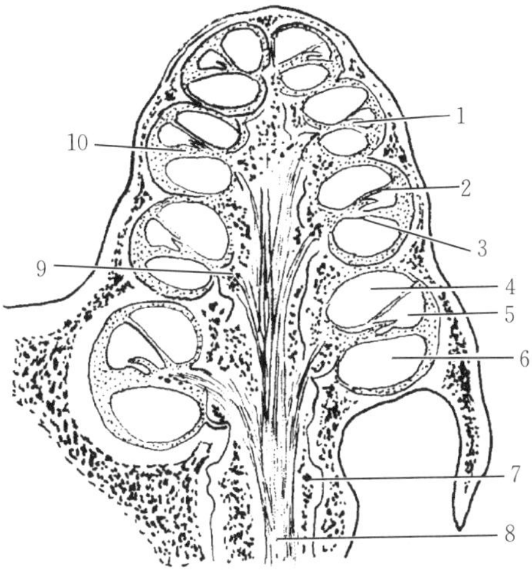

图 10-8　耳蜗（纵切面）
1. 螺旋器　2. 前庭膜　3. 骨螺旋板　4. 前庭阶
5. 耳蜗管　6. 鼓阶　7. 蜗轴　8. 耳蜗神经
9. 螺旋神经节　10. 螺旋韧带
（资料来源：杨银凤，《家畜解剖学及组织胚胎学》，2011）

2. 膜迷路　为套入骨迷路内的封闭型膜性管道，管径较小，借纤维束固定于骨迷路，与骨迷路对应地分为膜半规管、膜前庭（椭圆囊和球囊）和膜蜗管3部分。3部分管腔相互连通，腔内都有内淋巴。管壁黏膜一般由单层扁平上皮和薄层结缔组织构成。

（1）膜半规管　位于骨半规管内，在骨壶腹内的部分也相应膨大为膜壶腹。膜壶腹外侧壁上黏膜隆起形成壶腹嵴，是位置（平衡）觉感受器，能感受旋转变速运动的刺激。

（2）膜前庭　包括椭圆囊和球囊。位于前庭内，椭圆囊在后上方，球囊在前下方，两者间有小管相连。椭圆囊外侧壁黏膜隆起形成椭圆囊斑。球囊较小，其前壁黏膜隆起形成球囊斑。斑由毛细胞和支持细胞组成，表面盖有一层耳石膜。椭圆囊斑和球囊斑是位置觉感受器,与静止时的位置感觉有关,并能感受直线变速运动的刺激。

(3) 膜蜗管　是骨螺旋管内的一个膜管。在耳蜗内,以盲端起于前庭,盘绕 2 周半,以盲端终于蜗顶。蜗管与骨螺旋板共同将骨蜗管内腔完全分隔成上、下两部。上部称前庭阶,下部称鼓阶,两阶均有外淋巴。膜蜗管在顶部盲端附于螺旋板钩,两者与蜗轴间形成一孔,称蜗孔。前庭阶与鼓阶借蜗孔相通。蜗管膜上有耳蜗管的横断面,呈三角形,可分顶壁、底壁和外侧壁。顶壁为前庭膜,底壁为骨螺旋板和基膜,外侧壁为复层柱状上皮,称血管纹。在底壁的基膜上有螺旋器,又称科蒂氏器官,为听觉感受器。螺旋器呈带状,由耳蜗底伸延至耳蜗顶,由毛细胞(神经上皮细胞)和支持细胞组成,上方覆盖有一片胶质盖膜。毛细胞基底部与耳蜗神经末梢形成突触。

耳郭收集的声波,经外耳道传至鼓膜,引起鼓膜的振动,并经听小骨链传至前庭窗,引起前庭阶外淋巴振动,进而振动前庭膜、基底膜和蜗管的内淋巴。前庭阶外淋巴的振动也经蜗孔传至骨阶,使基底膜振动发生共振,基底膜的振动使盖膜与毛细胞的纤毛接触,引起毛细胞兴奋,冲动经耳蜗神经传入脑的听觉中枢而产生听觉及听觉反射。

四、听觉和位置觉传导径

1. 听觉传导径　声波经外耳道传到鼓膜,鼓膜感受声波而震动,然后借着听小骨将震动传给前神经节(位于蜗轴内)的细胞,通过该细胞轴突构成的前庭耳蜗神经的耳蜗支,至延髓的耳蜗神经核。由耳蜗神经核发出的纤维,大部分伸延到间脑内侧膝状体,更换神经元后,由内侧膝状体发出纤维经内囊投射至大脑皮质听觉区,而产生听觉;小部分纤维终止于中脑后丘,后丘是听觉反射中枢,由此发出纤维至脑干的眼球肌运动神经核和颈部脊髓腹侧柱运动神经元(通过顶盖脊髓束),而产生对声音的朝向反射。

2. 位置觉(平衡觉)传导径　当头部位置改变时,在重力影响下,刺激内耳位置觉感受器(壶腹嵴、椭圆囊斑和球囊斑)的毛细胞而产生神经冲动,经前庭神经节(位于内耳道底部)的中枢突构成的前庭神经,至延髓的前庭核。由前庭核发出的纤维,一部分至脑干的滑车、外展和动眼神经核,使眼球肌发生反射活动;一部分形成前庭脊髓束,至脊髓各段的腹侧柱,以完成头、颈、躯干和四肢的姿势反射;另一部分至小脑蚓部,由小脑蚓部发出纤维经锥体外系传至脊髓腹侧柱,以完成平衡调节。

第十一章

内分泌系统

内分泌系统由内分泌腺、内分泌组织、内分泌细胞组成。内分泌系统有4种存在形式：①形成独立的内分泌器官，如垂体、甲状腺、甲状旁腺、肾上腺、松果体。②存在于其他器官内的内分泌细胞群（内分泌组织），如胰岛、黄体、肾小球旁器等。③散在分布的内分泌细胞，如消化道黏膜内的内分泌细胞等。④兼具内分泌功能的器官、组织和细胞，如胎盘、胸腺、心肌、血管内皮细胞、各种免疫细胞等。

内分泌腺是指结构上独立存在的内分泌器官，如垂体、肾上腺、甲状腺、甲状旁腺和松果体等。其构造特点是没有输出导管，因此又称无管腺，其分泌物称为激素。激素是一种高效化学物质，分泌后直接进入血液或淋巴，随血液循环周流全身，作用于靶器官或靶细胞，以调节各器官系统的功能活动，这种调节称为体液调节。通过体液调节方式，对机体的新陈代谢、生长发育和繁殖起着重要的调节作用。各种内分泌腺的功能活动相互联系，而且内分泌腺还要受到神经系统和免疫系统活动的影响，三者互相作用和调节，共同组成一个网络，即神经-内分泌-免疫网络。

内分泌组织是散在于其他器官中的内分泌细胞群，如胰腺内的胰岛、卵巢内的黄体、睾丸内的间质细胞、肾小球旁器等。

此外，还有散在的内分泌细胞单个分布于许多器官内，种类多，数量大，使得许多器官兼有内分泌功能，包括神经内分泌、胃肠内分泌、胎盘内分泌等。

第一节　内分泌腺

一、垂体

垂体又称脑垂体，是体内重要的内分泌腺，它与下丘脑有直接联系，并与其他内分泌腺有密切的生理联系。它直接受控于中枢神经系统，调节其他内分泌腺的功能活动。

骆驼垂体（图11-1）为一卵圆形小体，位于脑的底面，在蝶骨构成的垂体窝内，借漏斗连于下丘脑。垂体可分为结节部、远侧部、中间部和神经部。结节部、远侧部和中间部合称为腺垂体；神经部称为神经垂体。

1. 腺垂体　腺垂体来源于胚胎期原始口腔外胚层上皮形成的拉克氏囊，可分为远侧部、中间部和结节部。远侧部一般位于垂体的前腹侧，中间部位于远侧部和神经垂体之间，与远侧部之间有垂体裂，故习惯上以垂体裂为分界线，位于垂体裂前方的部分称垂前叶，位于垂体裂后方的中间部和神经部称垂体后叶。结节部位于垂体柄的周围。

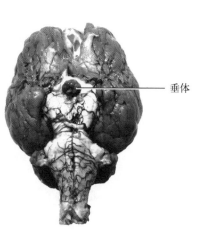

垂体

图 11-1　双峰驼脑垂体
（资料来源：王彩云，2019）

腺垂体内有丰富的腺细胞。腺细胞呈团状、索状或滤泡状，细胞团索之间有丰富的血窦和少量的网状纤维。远侧部的腺细胞根据着色的差异，可分为嗜酸性细胞、嗜碱性细胞、嫌色细胞3种。根据腺细胞分泌激素的不同，可进一步分类，并按所分泌的激素命名。分布于下丘脑的毛细血管汇集成垂体前动脉，后者在腺垂体内形成次级毛细血管网，此结构称垂体门脉循环，这是腺垂体的分泌活动受下丘脑分泌的神经递质控制的结构基础。中间部由嫌色细胞及嗜碱性细胞组成，可分泌黑色素细胞刺激素，可使黑色素细胞分泌增加，皮肤变黑。结节部包围着神经垂体的漏斗，此处有垂体门脉通过，含丰富的纵行毛细血管，腺细胞呈索状纵向排列于血管之间，由嫌色细胞和少量嗜色细胞组成，能分泌少量促性腺激素和促甲状腺激素。

腺垂体能分泌生长激素、催乳激素、黑色细胞刺激素、促肾上腺皮质激素、促甲状腺激素、促卵泡激素、促黄体激素或促间质细胞激素等多种激素。这些激素除参与机体生长发育的调节外，还能影响其他内分泌腺的功能。

2. 神经垂体 神经垂体与下丘脑直接相连，主要由来自下丘脑视上核和室旁核的无髓神经纤维及神经胶质细胞构成，并含有较丰富的窦状毛细血管和少量网状纤维。神经垂体不含腺细胞，不具备分泌功能，但可储存下丘脑视上核和室旁核神经细胞的分泌物，如抗利尿激素（antidiuretic hormone，ADH）和催产素（oxytocin，OXT）。ADH 的主要作用是促进肾远曲小管和集合管重吸收水，使尿量减少；ADH 分泌若超过生理剂量，可导致小动脉平滑肌收缩，血压升高，故又称加压素。含有加压素和OXT 的分泌颗粒沿轴突运送到神经部储存，进而释放入窦状毛细管内。因此，下丘脑与神经垂体是一个整体，两者之间的神经纤维构成下丘脑神经垂体束。

神经部的血管主要来自左右颈内动脉发出的垂体下动脉，血管进入神经部分支成为窦状毛细管网。部分毛细血管血液经垂体下静脉汇入海绵窦。部分毛细血管血液逆向流入漏斗，然后从漏斗再循环到远侧部或下丘脑。

二、肾上腺

肾上腺，是成对的红褐色器官，位于肾的前内侧。肾上腺外包被膜，其实质可分为外层的皮质和内层的髓质（图 11-2）。

在发生学上看，皮质与髓质的来源不同，而且两者都与肾无关。皮质来自体腔上皮（中胚层性）；髓质与交感神经系统相同，来源于神经冠（外胚层性）。在胎儿期皮质和髓质相互靠近，形成肾上腺器官。此时，与髓质同系的若干细胞，则不参与髓质的形成，而呈小块散在主动脉附近。这些细胞块称为旁神经节。皮质占腺体大部分，从外向内可分为球状带、束状带和网状带3部分。球状带细胞分泌盐皮质激素，主要代表为醛固酮，

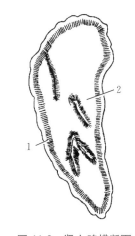

图 11-2 肾上腺横断面
1. 皮质 2. 髓质
（资料来源：杨银凤，《家畜解剖学及组织胚胎学》，2011）

调节电解质和水盐代谢；束状带细胞分泌糖皮质激素，主要代表为可的松和氢化可的松，调节糖、脂肪和蛋白质的代谢；网状带分泌雄激素，但分泌量较少，在生理情况下意义不大。髓质分泌肾上腺素和去甲肾上腺素，可使小动脉收缩，心跳加快，血压升高。

三、甲状腺

甲状腺一般位于喉后方，第 3～5 气管环的两侧面和腹侧面，由左、右两个侧叶和中间的腺峡组成，形如"H"，棕红色。甲状腺外覆有纤维囊，称甲状腺被囊。此囊伸入腺组织将腺体分成大小不等的小叶，囊外包有颈深筋膜（气管前层），在甲状腺侧叶与环状软骨之间常有韧带样的结缔组织相连接，甲状腺可随吞咽而前后移动。

甲状腺激素能维持机体的正常代谢、生长和发育，对神经系统也有影响。

甲状腺由许多滤泡组成，滤泡由单层立方的腺上皮细胞环绕而成，中心为滤泡腔。腺上皮细胞是甲状腺激素合成和释放的部位，滤泡腔内充满均匀的胶状物，是甲状腺激素复合物，也是甲状腺激素的储存库。甲状腺的分泌接受下丘脑-垂体的调节，构成下丘脑-垂体-甲状腺轴。下丘脑神经内分泌细胞分泌促甲状腺激素释放激素（thyrotropin releasing hormone，TRH），促进腺垂体分泌促甲状腺激素（thyrotropic stimulating hormone，TSH）。TSH 是调节甲状腺分泌的主要激素，而甲状腺激素在血中的浓度可反馈调节腺垂体分泌 TSH 的活动。当血中游离的甲状腺激素浓度升高时，将抑制腺垂体分泌 TSH，是一种负反馈。这种反馈抑制是维持甲状腺功能稳定的重要环节。甲状腺激素分泌减少时，TSH 分泌增加，促进甲状腺滤泡代偿性增大，以补充合成甲状腺激素，供给机体需要。食物中碘的含量对甲状腺激素的生成非常重要，所以当食物中碘缺乏时会引起甲状腺肿大（甲状腺肿）。

甲状腺主要分泌甲状腺素，促进机体生长发育。它主要促进骨骼、脑和生殖器官生长发育。若没有甲状腺激素，垂体的生长激素（growth hormone，GH）也不能发挥作用，而且甲状腺激素缺乏时，垂体生成和分泌生长激素也减少。所以先天性或幼龄时缺乏甲状腺激素，引起呆小病。此外，甲状腺的滤泡旁细胞或者 C 细胞还分泌降钙素，有增强成骨细胞活性、促进骨组织钙化、使血钙降低等作用。

四、甲状旁腺

甲状旁腺较小，呈圆形或椭圆形，位于甲状腺附近或埋于甲状腺实质内。甲状旁腺表面覆有薄层的结缔组织被膜，被膜的结缔组织携带血管、淋巴管和神经伸入腺内，成为小梁，将腺分为不完全的小叶。小叶内腺实质细胞排列成索或团状，其间有少量结缔组织和丰富的毛细血管。腺细胞有主细胞和嗜酸性细胞。主细胞分泌甲状旁腺素，以胞吐方式释放入毛细血管。甲状旁腺素的主要功能是影响体内钙与磷的代谢。若甲状旁腺分泌功能低下，血钙浓度降低，出现抽搐症；如果功能亢进，则引起骨质过度吸收，容易发生骨折。甲状旁腺功能失调会引起血中钙与磷的比例失常。嗜酸性细胞较主细胞大，数量少，常聚集成群，其功能目前尚不清楚。

甲状旁腺能分泌甲状旁腺激素，其作用主要是通过增强破骨细胞对骨质的溶解从而升高血钙，使血钙维持在一定水平。甲状旁腺素还可以促进肾小管对钙的重吸收，抑制肾小管对磷的重吸收，因此会降低血磷。

五、松果体

松果体又称脑上体，为一红褐色豆状小体，位于四叠体与丘脑之间，以柄连于丘脑上部。

松果体主要分泌褪黑激素，其合成和分泌受交感神经的调节并呈 24h 周期性变化，其高峰值在夜晚，这种激素的作用是抑制性腺和副性器官的发育，防止性早熟等。光照能抑制松果体合成褪黑激素，促进性腺活动。

松果体表面被以由软脑膜延续而来的结缔组织被膜，被膜随血管伸入实质内，将实质分为许多不规则小叶，小叶主要由松果体细胞、神经胶质细胞和神经纤维等组成。松果体细胞内含有丰富的 5-羟色胺，它在特殊酶的作用下转变为褪黑激素（Melatonin，MT），这是松果体分泌的一种激素。研究发现，MT 的分泌与光照有关：当强光照射时，MT 分泌减少；在暗光下，MT 分泌增加。在试验时，科学家分别取在 12h 明、暗交替的光照条件下饲养的鸡的松果体加以培养，把它分散成一个个细胞，然后在明、暗环境中观察其中合成 MT 所需酶的活性，结果证明，每个松果体及其分散了的细胞都有生物钟作用，它们能记忆明、暗的规律，并逐步适应新的规律。松果体能合成促性腺激素释放激素（gonadotrophin-releasing hormone，GnRH）、TRH 及 8-精（氨酸）催产素等肽类激素。在多种哺乳动物（鼠、牛、羊、猪等）的松果体内 GnRH 比同种动物下丘脑所含的 GnRH 量高 4~10 倍。有人认为，松果体是 GnRH 和 TRH 的补充来源。

松果体在调节动物的季节性生殖周期方面起着重要作用。褪黑激素有抗促性腺激素生成的作用，而光线刺激则抑制褪黑激素的生成。所以，在春天随着白天时间的延长，褪黑激素生成减少，其对性腺的抑制活动减弱（长日照繁育）。日光同样抑制褪黑激素，所以随着夜间时间的增加，褪黑激素释放增加。褪黑激素具有促进性腺的功能。这具有很重要的临床意义，因为可以利用褪黑激素来促进动物的繁殖性能。

第二节　内分泌组织

一、胰岛

胰岛位于胰腺内，是胰腺的内分泌部，由不规则的细胞团组成，分布于腺泡之间，形如岛屿。胰岛细胞排列成团索状，细胞之间有丰富的有孔毛细血管，有利于激素的透过。胰岛各类细胞用 Mallory 等特殊染色法可分为 A、B、D 和 PP 4 种细胞，还有少量 D1 细胞和 C 细胞等。A 细胞约占胰岛细胞总数的 20%，细胞体积较大，分泌胰高血糖素，能促进肝细胞的糖原分解为葡萄糖，并抑制糖原的合成，使血糖升高；B 细胞约占胰岛细胞总数的 70%，主要位于胰岛的中央部，分泌胰岛素（降低血糖），它能促进肝细胞、肌细胞和脂肪细胞将血糖合成糖原或转化为脂肪；D 细胞分泌生长抑素，约占胰岛细胞总数的 5%，它能抑制 A、B 细胞和 PP 细胞的分泌；PP 细胞数量很少，此细胞分泌胰多肽，抑制胰液的分泌和胃肠的蠕动。

二、睾丸内的内分泌组织

睾丸虽然是生殖器官，但是其内还含有具内分泌功能的组织，主要是间质细胞和支持细胞。间质细胞分布在睾丸精曲小管之间的结缔组织中，细胞比较大，圆形或多边形，核大而圆，细胞质嗜酸性，能分泌雄激素（主要是睾丸酮），促进雄性生殖器官发育及第二性征的出现，同时有促使生精细胞发育成精子和促进机体合成代谢的重要作用。支持细胞位于精曲小管管壁上偏于基膜侧，核显椭圆形或三角形，淡染，有明显的核仁，精子发育的各个阶段都发生在支持细胞的表面，故不易分辨其细胞界线；支持细胞可分泌少量雌激素，为发育中的精子提供营养和保护。

三、卵巢内的内分泌组织

卵巢内的内分泌组织主要有门细胞、卵泡膜和黄体。门细胞位于卵巢门近系膜处，为一些较大的上皮样细胞，细胞结构与睾丸间质细胞类似，细胞质内富含胆固醇和脂色素等；妊娠期的门细胞较明显，有分泌雄激素的功能。卵泡膜是包围卵泡的间质细胞层，分内、外两层，主要分泌雌激素。黄体由排卵后的卵泡细胞和卵泡膜内层细胞演化而成，分泌孕酮和雌激素。黄体的发育程度和存在时间决定于卵子是否受精及胚胎是否着床：若排出的卵受精，家畜妊娠，黄体继续生长，可维持到妊娠后期，称妊娠黄体或真黄体；若排出的卵没有受精，则黄体仅维持 2 周左右便开始退化，称发情黄体或假黄体。

四、其他内分泌组织或细胞

心房壁内的一些细胞可分泌心房肽（atrial natriuretic peptide，ANP）。ANP 又称心钠肽，是近十几年来研究极为活跃的一个神经内分泌激素。它既可以在心肌细胞内合成、储存和释放，又可以在中枢神经系统内合成、储存和释放。ANP 具有强大的利尿排钠、扩张血管和降压等生理效应。

在胃、小肠、大肠的上皮与腺体中散在着种类繁多的内分泌细胞，其中尤以胃幽门部和十二指肠上段为多。由于胃肠道黏膜的面积巨大，这些细胞的总量超过其他内分泌腺腺细胞的总和。因此，在某种意义上，胃、肠是体内最大、最复杂的内分泌器官。它们分泌的多种激素统称胃肠激素，一方面，协调胃肠道自身的运动和分泌功能；另一方面，也参与调节其他器官的活动。目前已知有 10 余种胃肠内分泌细胞。

五、APUD 细胞与弥散神经内分泌系统

1. APUD 细胞　全称为摄取胺前体脱羧细胞，是指具有摄取胺前体，经过脱羧后分泌胺类物质的功能，广泛散布于除内分泌器官和组织之外其他器官内的细胞。现已知有 50 余种，广泛分布于消化道、呼吸、泌尿、生殖、心血管系统及神经系统等处。

2. 弥散神经内分泌系统（diffuse neuro endocrine system，DNES）　是指具有调节和控制机体生命活动的动态平衡的功能，在形态、生理、生化、发生等方面有很多相似性，能分泌生物活性物质的一个系统。DNES 由中枢和周围两部分组成。中枢部分包括下丘脑、垂体和松果体中的神经内分泌细胞；周围部分包括消化、呼吸、泌尿和生殖道内的各种内分泌细胞，甲状腺旁细胞、甲状旁腺细胞、肾上腺髓质细胞，以及血管内皮细胞、心肌细胞、平滑肌细胞、各类型的白细胞等。这些细胞在功能上既协调统一，又互相制约，精细地调节着机体的许多生理活动与机能。

下丘脑虽不属于内分泌腺，但与内分泌系统有着密切的联系。一方面，下丘脑内室上核、室旁核等轴突投射到神经垂体，其分泌物也在神经垂体内储存；另一方面，下丘脑分泌的多种神经肽通过垂体门脉系统到达腺垂体，对腺垂体的分泌活动进行调节，从而组成下丘脑-垂体-性腺轴、下丘脑-垂体-肾上腺轴等，对整个内分泌系统产生影响。

主 要 参 考 文 献

雷治海，刘英，朱明光，2002. 骆驼解剖学 ［M］. 香港：天马图书有限公司 .

哈斯苏荣，都格尔斯仁，2003. 双峰驼解剖图解 ［M］. 呼和浩特：内蒙古教育出版社 .

杨银凤，2011. 家畜解剖学及组织胚胎学 ［M］. 4 版 . 北京：中国农业出版社 .

图书在版编目（CIP）数据

骆驼解剖学 / 何飞鸿，任宏编著 . —北京：中国
农业出版社，2021.12
国家出版基金项目　骆驼精品图书出版工程
ISBN 978 - 7 - 109 - 28904 - 8

Ⅰ.①骆…　Ⅱ.①何…②任…　Ⅲ.①骆驼－动物解
剖学　Ⅳ.①S824.1

中国版本图书馆 CIP 数据核字（2021）第 221145 号

中国农业出版社出版

地址：北京市朝阳区麦子店街 18 号楼
邮编：100125
丛书策划：周晓艳　王森鹤　郭永立
责任编辑：周晓艳　　文字编辑：耿韶磊
版式设计：杜　然　责任校对：沙凯霖
印刷：北京通州皇家印刷厂
版次：2021 年 12 月第 1 版
印次：2021 年 12 月北京第 1 次印刷
发行：新华书店北京发行所
开本：787mm×1092mm　1/16
印张：13.5　插页：1
字数：335 千字
定价：220.00 元